高等职业院校信息技术应用"十三五"规划教材

计算机应用基础

——Windows 7+Office 2010

（下册）

李俊霞 主编

蔡盈盈 赵小丽 副主编

崔嫱 尚莹莹 陈伟 张淑君 贾楠 参编

人民邮电出版社

北京

图书在版编目（CIP）数据

计算机应用基础：Windows 7+Office 2010. 下册 /
李俊霞主编. -- 北京：人民邮电出版社，2016.9（2017.2 重印）
高等职业院校信息技术应用"十三五"规划教材
ISBN 978-7-115-43342-8

Ⅰ. ①计… Ⅱ. ①李… Ⅲ. ①Windows操作系统－高
等职业教育－教材②办公自动化－应用软件－高等职业教
育－教材 Ⅳ. ①TP316.7②TP317.1

中国版本图书馆CIP数据核字(2016)第221918号

内 容 提 要

本书以 Windows 7 和 Office 2010 为蓝本，针对高职高专计算机应用基础课程的教学要求，注重学生应用能力的培养，是基于工作过程的教学思想而编写的。

全书分三篇，共 9 个项目。第一篇主要介绍 Excel 2010 的应用，包含 Excel 2010 的基本操作、设置与美化 Excel 文档、数据管理与分析、数据的计算、图表的插入与编辑；第二篇主要介绍 PowerPoint 2010 幻灯片制作，包含 PowerPoint 2010 的基本操作、演示文稿的美化、演示文稿的高级设置；第三篇主要介绍怎样玩转计算机网络，包含 Internet 及常用工具软件的使用。每个项目分解为若干任务，按照任务描述、任务分析、任务目标、知识链接、综合实训的过程进行教学，突出对学习者操作技能的训练。

本书由浅入深、通俗易懂，可作为高职高专院校各专业计算机公共课的教材，也可作为计算机等级考试的培训教材，还可作为计算机爱好者的自学用书。

◆ 主　　编　李俊霞
　　副 主 编　蔡盈盈　赵小丽
　　参　　编　崔　嫱　尚莹莹　陈　伟　张淑君　贾　楠
　　责任编辑　马小霞
　　责任印制　焦志炜

◆ 人民邮电出版社出版发行　　北京市丰台区成寿寺路 11 号
　　邮编 100164　电子邮件 315@ptpress.com.cn
　　网址 http://www.ptpress.com.cn
　　固安县铭成印刷有限公司印刷

◆ 开本：787×1092　1/16
　　印张：16.25　　　　　　　　　2016 年 9 月第 1 版
　　字数：408 千字　　　　　　　2017 年 2 月河北第 2 次印刷

定价：39.80 元

读者服务热线：(010)81055256　印装质量热线：(010)81055316
反盗版热线：(010)81055315

前　言

计算机如今已成为人们工作的基本工具,计算机应用是每个大学生必备的能力。教育部《全国高等职业教育计算机应用基础课程教学基本要求》指出,每一名大学生必须具备较高的信息素养。用什么样的教学模式能提高教学效果,提高学生的操作技能,使学生能更快地适应工作,是教育工作者一直探讨的问题。本书是一线教师在总结任务驱动教学模式成功经验的基础上编写的。

计算机应用基础共分上、下两册,本书为下册,在大家掌握了计算机操作系统以及常用的文字处理软件 Word 2010 的基础上,主要介绍了目前最流行的办公软件 Excel 2010、PowerPoint 2010 的基本操作和使用技巧,还向读者普及了网络的基础知识以及常用办公软件的使用方法。

全书分三篇,共 9 个项目。第一篇主要介绍了 Excel 2010 的应用,包含 Excel 2010 的基本操作、设置与美化 Excel 文档、数据管理与分析、数据的计算、图表的插入与编辑;第二篇主要介绍了 PowerPoint 2010 幻灯片制作,包含 PowerPoint 2010 的基本操作、演示文稿的美化、演示文稿的高级设置;第三篇主要介绍了怎样玩转计算机网络,包含 Internet 及常用工具软件的使用。每个项目分解为若干任务,按照任务描述、任务分析、任务目标、知识链接、综合实训的过程进行教学,突出对学习者操作技能的训练。

本书采用面向项目、面向任务、面向过程的教学方法,这是一种基于工作过程的教学方法,它不同于基于知识点教学的知识传授型方法,也不同于案例教学法,读者如能完成本书的全部项目,将能顺利地利用计算机完成日常工作中的信息处理任务。

本书的操作过程已录制成微课视频,读者只需扫描书中的二维码,便可随扫随看,轻松掌握相关知识。

本书由河南农业职业学院李俊霞担任主编,蔡盈盈、赵小丽任副主编,其中项目 1 和项目 7 由蔡盈盈编写,项目 2 由崔嫱编写,项目 3 和项目 4 由李俊霞编写,项目 5 由尚莹莹编写,项目 6 由陈伟编写,项目 8 由赵小丽编写,项目 9 中任务 1 由张淑君编写,任务 2 由贾楠编写,全书由李俊霞负责统稿。

在本书的编写过程中,作者参考了很多相关图书及文献资料,同时还得到了人民邮电出版社的大力支持,在此表示衷心感谢。

编者

2016 年 7 月

目 录 CONTENTS

第一篇 Excel 2010 的应用

项目1 掌握 Excel 2010 的基本操作 2

任务 创建学生基本信息	3	三、任务目标	3
一、任务描述	3	四、知识链接	3
二、任务分析	3	五、任务实施	22

项目2 设置与美化 Excel 文档 27

任务1 制作学生基本信息表	28	任务2 制作商品采购统计表	44
一、任务描述	28	一、任务描述	44
二、任务分析	28	二、任务分析	44
三、任务目标	28	三、任务目标	45
四、知识链接	28	四、知识链接	45
五、任务实施	41	五、任务实施	57

项目3 数据管理与分析 62

任务1 制作计算机应用基础成绩单	63	任务2 整理学生成绩表	79
一、任务描述	63	一、任务描述	79
二、任务分析	63	二、任务分析	79
三、任务目标	63	三、任务目标	79
四、知识链接	63	四、知识链接	79
五、任务实施	77	五、任务实施	91

项目4 数据的计算 95

任务1 制作学生成绩表	96	四、知识链接	96
一、任务描述	96	五、任务实施	104
二、任务分析	96	任务2 制作学生成绩详表	110
三、任务目标	96	一、任务描述	110

二、任务分析 110
三、任务目标 110
四、知识链接 111
五、任务实施 114

项目5 图表的插入与编辑 120

任务1 制作学生成绩分析表 121
一、任务描述 121
二、任务分析 121
三、任务目标 121
四、知识链接 121
五、任务实施 133
任务2 制作职工工资数据透视表和数据
透视图 136
一、任务描述 136
二、任务分析 136
三、任务目标 137
四、知识链接 137
五、任务实施 147

第二篇 PowerPoint 2010 幻灯片制作

项目6 掌握 PowerPoint 2010 的基本操作 150

任务 我的第一张幻灯片 151
一、任务描述 151
二、任务分析 151
三、任务目标 151
四、知识链接 151
五、任务实施 166

项目7 演示文稿的美化 172

任务 创建毕业设计答辩文稿 173
一、任务描述 173
二、任务分析 173
三、任务目标 173
四、知识链接 173
五、任务实施 180

项目8 演示文稿的高级设置 186

任务1 公司简介 187
一、任务描述 187
二、任务分析 187
三、任务目标 187
四、知识链接 187
五、任务实施 192
任务2 大学第一课 195
一、任务描述 195
二、任务分析 195
三、任务目标 196
四、知识链接 196
五、任务实施 215

第三篇 玩转计算机网络

项目 9 Internet 及常用工具软件的使用 221

任务 1 Internet 的使用	222	任务 2 常用工具软件的使用	238
一、任务描述	222	一、任务描述	238
二、任务分析	222	二、任务分析	238
三、任务目标	222	三、任务目标	238
四、知识链接	222	四、知识链接	238
五、任务实施	236	五、任务实施	252

第一篇

Excel 2010 的应用

  Excel 2010 是美国微软公司发布的 Office 2010 办公套装软件中的一个重要组成部分，它不仅具有一般电子表格软件所包括的处理数据、制表和图形等功能，还具有智能化的计算和数据管理、数据分析等能力，其界面友好，操作方便，功能强大，易学易会，深受广大用户的喜爱，是一款优秀的电子表格制作软件。

- 能够根据已有的数据进行录入并能对表格数据进行格式化；
- 能够使用公式和函数对表格数据进行处理；
- 学会对表格中的数据进行排序、筛选和分类汇总；
- 能够根据已有数据建立正确的图表；
- 学会打印电子表格的基本方法。

PART 1

项目 1

掌握Excel 2010 的基本操作

学生基本信息表				
学号	姓名	性别	籍贯	出生日期
2011001	李四华	男	河南省周口市商水县	1993/8/20
2011002	李阳	女	河南省南阳市内乡县	1992/6/23
2011003	赵丹	女	河南省周口市西华县	1994/10/6
2011004	马伟民	男	河南省驻马店西平县	1993/12/15
2011005	张炜心	女	河南省新乡市原阳县	1995/9/15
2011006	刘浩宇	男	河南省信阳市息县	1992/9/24
2011007	张燕	女	河南省洛阳市新安县	1994/10/15
2011008	李刚	男	河南省南阳市镇平县	1990/12/8
2011009	郑闯	男	河南省信阳市潢川县	1994/8/15
2011010	张芳芳	女	河南省新乡市长垣县	1993/6/21
2011011	赵杰	男	河南省许昌市许昌县	1992/7/9
2011012	王小雨	女	河南省许昌县鄢陵县	1995/6/18

任务 创建学生基本信息

一、任务描述

新学年来到了，各班陆续组建，班主任为了解每位新同学的情况，让班长统计班内同学的基本信息，作为新班长的李自力，打开 Excel 2010，利用所学的基本知识，制作了一份如图 1-1 所示的学生基本信息表。

学号	姓名	性别	籍贯	出生日期
学生基本信息表				
2011001	李四华	男	河南省周口市商水县	1993/8/20
2011002	李阳	女	河南省南阳市内乡县	1992/6/23
2011003	赵丹	女	河南省周口市西华县	1994/10/6
2011004	马伟民	男	河南省驻马店市西平县	1993/12/15
2011005	张炜心	女	河南省新乡市原阳县	1995/9/15
2011006	刘浩宇	男	河南省信阳市息县	1992/9/24
2011007	张燕	女	河南省洛阳市新安县	1994/10/15
2011008	李刚	男	河南省南阳市镇平县	1990/12/8
2011009	郑闯	男	河南省信阳市潢川县	1994/8/15
2011010	张芳芳	女	河南省新乡市长垣县	1993/6/21
2011011	赵杰	男	河南省许昌市许昌县	1992/7/9
2011012	王小雨	女	河南省许昌县鄢陵县	1995/6/18

图 1-1 学生基本信息表

二、任务分析

学校需要了解新同学的基本情况，这就要求一份详细的学生基本信息表，并且要求统计的格式要清晰，内容要准确。

三、任务目标

- 认识 Excel 2010 的工作界面。
- 工作表的基本操作（新建与保存、插入与删除、重命名与切换、移动与复制）。
- 工作表的拆分与冻结。
- 表格数据的输入方法（文本型、数值型、日期型、自动填充）。

四、知识链接

（一）Excel 2010 的启动与退出

1. 启动 Excel 2010

启动 Excel 2010 的方法有很多种，常用的启动方法为菜单方式：

执行"开始"→"所有程序"→"Microsoft Office"→"Microsoft Excel 2010"命令，即可启动 Excel 2010。

 小贴士

✓ 同样可以使用以下两种方法启动 Excel 2010。

（1）快捷方式。双击建立在 Windows 桌面上的"Microsoft Excel 2010"快捷方式图标或快速启动栏中的图标即可快速启动 Excel 2010。

（2）双击任意已经创建好的 Excel 文档，在打开该文档的同时，启动 Excel 2010 应用程序。

2．退出 Excel 2010

常用的退出 Excel 2010 的方法为单击 Excel 2010 窗口右上角的"关闭"按钮 ⊠ 。

 小贴士

✓ 同样可以使用以下三种方法退出 Excel 2010。

（1）执行"文件"→"退出"命令。

（2）双击 Excel 2010 窗口左上角的"控制菜单"图标直接退出，或单击"控制菜单"图标，选择其中的"关闭"命令。

（3）单击该文档，使其成为当前文档，之后按"Alt+F4"组合键。

无论采取何种方法退出 Excel，在退出前，要先保存文档。

（二）认识 Excel 2010 的工作界面

启动 Excel 后即可看到 Excel 2010 的工作界面，其工作界面由"文件"选项卡、快速访问工具栏、标题栏、功能区、编辑栏、状态栏、工作表格区等组成，如图 1-2 所示。

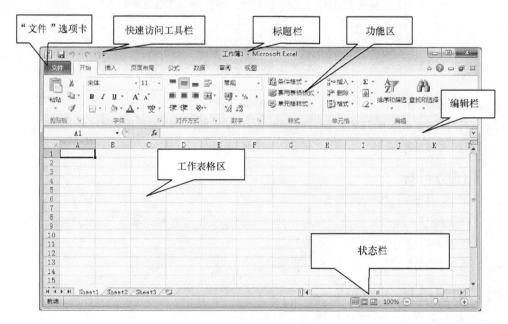

图 1-2　Excel 2010 的工作界面

1．"文件"选项卡

单击 Excel 工作界面左上角的"文件"选项卡，可以运用其中的"新建""打开""保存"等命令来操作 Excel 文档。它为用户提供了一个集中位置，便于用户对文件执行所有操作，包括共享、打印或发送等，用户还可以使用激活和加载项，方法如下。

（1）单击"文件"选项卡。

（2）单击"选项"，然后单击"加载项"类别。

（3）在"Excel 选项"对话框底部附近，确保选中"管理"框中的"Excel 加载项"，然后单击"转到"按钮。

（4）在"加载项"对话框中，选中要使用的加载项所对应的复选框，然后单击"确定"按钮。

（5）如果 Excel 显示一则消息，指出无法运行此加载项并提示用户安装它，请单击"是"按钮以安装加载项。

2．快速访问工具栏

Excel 2010 的快速访问工具栏是一个自定义工具栏，其中显示了最常用的命令，方便用户使用。单击快速访问工具栏中的任何一个选项，都可以直接执行其相应的功能。默认的常用快速访问工具栏有"保存""撤销""恢复"等，如果用户想定义自己的快速访问工具栏，可以单击快速访问工具栏右边的小三角，弹出"自定义快速访问工具栏"下拉菜单，在菜单中勾选需要添加的工具按钮，即可将其添加到快速访问工具栏上。同样，如果需要删除某个工具按钮，取消勾选即可。

如把"新建""打开"等按钮添加到快速访问工具栏上的方法是：单击快速访问工具栏右边的小三角，弹出"自定义快速访问工具栏"下拉菜单，在下拉菜单中分别单击勾选"新建""打开"，即可完成添加。

3．标题栏

标题栏位于窗口的顶部，显示应用程序名和当前使用的工作簿名。对于新建的 Excel 文件，用户所看到的文件名是工作簿 1，这是 Excel 2010 默认建立的文件名。

在标题栏的最右端是控制按钮，单击控制按钮可以将 Excel 窗口最小化、最大化（还原）或关闭。

4．功能区

Excel 2010 中，传统菜单和工具栏已被一些选项卡所取代，这些选项卡将相关命令组合到一起，用户可以轻松地查找以前隐藏在复杂菜单和工具栏中的命令和功能。并且通过 Office 2010 中改进的功能区，用户可以自定义或创建自己的选项卡和组以适应自己的工作方式，从而可以更快地访问常用命令，另外用户还可以重命名内置选项卡和组或更改其顺序。

默认情况下，Excel 2010 的功能区包括"开始""插入""页面布局""公式""数据""审阅""视图"。每个功能区根据功能的不同又分为若干个组，每个功能区所拥有的功能如下所述。

（1）"开始"功能区。它包括剪贴板、字体、对齐方式、数字、样式、单元格和编辑 7 个组，对应 Excel 2003 的"编辑"和"格式"菜单部分命令。该功能区主要帮助用户对 Excel 2010 表格进行文字编辑和单元格的格式设置，是最常用的功能区。

（2）"插入"功能区。它包括表格、插图、图表、迷你图、筛选器、链接、文本和符号几个组，对应 Excel 2003 中"插入"菜单的部分命令，主要用于在 Excel 2010 表格中插入各种对象。

（3）"页面布局"功能区。它包括主题、页面设置、调整为合适大小、工作表选项、排列几个组，对应 Excel 2003 的"页面设置"菜单命令和"格式"菜单中的部分命令，用于帮助用户设置 Excel 2010 表格页面样式。

（4）"公式"功能区。它包括函数库、定义的名称、公式审核和计算几个组，用于在 Excel 2010 表格中进行各种数据计算。

（5）"数据"功能区。它包括获取外部数据、连接、排序和筛选、数据工具和分级显示等几个组，主要用于在 Excel 2010 表格中进行数据处理相关方面的操作。

（6）"审阅"功能区。它包括校对、中文简繁转换、语言、批注和更改 5 个组，主要用于对 Excel 2010 表格进行校对和修订等操作，适用于多人协作处理 Excel 2010 表格数据。

（7）"视图"功能区。它包括工作簿视图、显示、显示比例、窗口和宏几个组，主要用于帮助用户设置 Excel 2010 表格窗口的视图类型，以方便操作。

5．编辑栏

在功能区的下方一行就是编辑栏，编辑栏的左端是名称框，用来显示当前选定的单元格或图表的名字，编辑栏的右端是数据编辑区，用来输入、编辑当前单元格或单元格区域的数学公式等。当一个单元格被选中后，可以在编辑栏中直接输入或编辑该单元格的内容。随着活动单元数据的输入，复选框 被激活，框中的"取消"按钮 表示放弃本次操作，相当于按 Esc 键；"确认"按钮 表示确认保存本次操作；插入函数按钮 用于打开"插入函数"对话框。

6．状态栏

状态栏位于窗口底部，用来显示当前工作区的状态。Excel 2010 支持三种显示模式，分别为"普通"模式、"页面布局"模式与"分页预览"模式。单击 Excel 2010 窗口右下角的按钮 可以切换显示模式。

Excel 2010 有两种调整显示比例的方法。第一种是用鼠标拖动位于 Excel 窗口右下角的显示比例按钮 ，向 拖动将放大显示，向 拖动则缩小显示。第二种是选择"视图"中"显示比例"组中的显示比例，进行详细的设置。

7．工作表格区

工作区窗口是 Excel 工作的主要窗口，启动 Excel 所见到的整个表格区域就是 Excel 的工作区窗口。

（三）工作表的基本操作

Excel 和 Word 的新建、打开、保存方法都基本一样，新建并打开一个 Excel 文件后，用户可以看到，在默认情况下一个工作簿包含 3 个工作表，用户可以根据需要插入或删除工作表，以及重命名、切换、移动、复制工作表。

1．Excel 中的几个基本概念

（1）工作簿。在 Excel 中，一个工作簿就是一个 Excel 文件，它是工作表的集合体，工作簿就像日常工作的文件夹。一张工作簿中可以放多张工作表，但是最多可以放 255 张工作表。

（2）工作表。工作表是显示在工作簿窗口中的表格，是工作簿文件的基本组成部分。每张工作表都以标签的形式排列在工作簿的底部，Excel 工作表是由行和列组成的一张表格，行用数字 1、2、3、4 等来表示行号，列用英文字母 A、B、C、D 等表示列号。工作表是数据存储的主要场所，一个工作表可以由 1048576 行和 16384 列构成。当需要进行工作表切换的时候，只需要用鼠标单击相应的工作表标签名称即可。

（3）单元格。行和列交叉的区域称为单元格。它是 Excel 工作表中的最小单位，单元格按所在的行列交叉位置来命名，命名时，列号在前，行号在后，如单元格 B6。单元格的名称又称单元格的地址。

2．工作表的新建与保存

（1）新建工作簿。启动 Excel 2010 时，系统自动新建一个名为"工作簿1"且包含 3 个空白工作表 Sheet1、Sheet2、Sheet3 的工作簿。

如果需要继续创建新的工作簿，则单击"文件"选项卡，选择"新建"命令，弹出"可用模板"窗格，如图 1-3 所示。在"可用模板"中，单击"空白工作簿"或根据需要选择"最近打开的模板"等选项，单击"创建"按钮即可。

图 1-3　新建工作簿

 小贴士

✓　创建新的工作簿还可以使用以下两种方法。

① 单击快速访问工具栏的"新建"铵钮 📄，会直接弹出一个新的空白工作簿。

② 使用 "Ctrl+N" 组合键，直接弹出一个新的空白工作簿。

（2）打开工作簿。启动 Excel 后可以打开一个已经建立的工作簿文件，也可同时打开多个工作簿文件，最后打开的工作簿位于最前面。

打开工作簿最常用的方法是：单击"文件"→"打开"命令，弹出"打开"对话框，如图1-4 所示。选择目标文件所在的位置，单击"打开"按钮，或者双击该文档即可打开。

图 1-4　打开工作簿

小贴士

✓ 打开工作簿还可以使用以下三种方法。

① 单击快速访问工具栏中的"打开"铵钮 📂，弹出"打开"对话框，选择目标文件所在的位置，单击"打开"按钮或者双击该文档即可打开。

② 使用"Ctrl+O"组合键，会弹出"打开"对话框，选择需要打开的文件即可。

③ 如果要打开最近使用过的工作簿，则在"文件"菜单中选择"最近所用文件"选项，弹出所有最近使用的文件列表，单击要打开的文件名即可。

（3）保存工作簿。工作簿在编辑后需要保存，常用的方法：单击"文件"→"保存"命令，若第一次保存该文件，会弹出"另存为"对话框，如图 1-5 所示。首先选择文件保存的位置，然后在"文件名"框中，输入工作簿的名称，在"保存类型"列表中选择"Excel 工作簿"，然后单击"保存"按钮。如果直接单击"文件"→"另存为"命令，则可以将当前文件另存为另一个新文件。

图 1-5 "另存为"对话框

小贴士

✓ 保存工作簿还可以使用以下两种方法。

① 单击快速访问工具栏的"保存"铵钮 🔲 即可，若第一次保存该文件，会弹出"另存为"对话框。

② 使用"Ctrl+S"组合键，若第一次保存该文件，会弹出"另存为"对话框。

（4）关闭工作簿。关闭工作簿文件最常用的方法为：单击"文件"→"关闭"命令。

小贴士

✓ 关闭工作簿还可以使用以下两种方法。

① 单击工作簿窗口右上角的"关闭"按钮 ⊠ 。

② 双击工作簿窗口左上角"控制菜单"图标，或者单击工作簿窗口左上角"控制菜单"图标，在弹出的控制菜单中选择"关闭"命令。

如果当前工作簿文件是新建的，或当前文件已被修改且尚未存盘，系统将提示是否保存修改。单击"保存"按钮存盘后退出；单击"不保存"按钮不存盘退出；单击"取消"按钮则返回原工作簿编辑状态。

3．工作表的插入和删除

（1）插入工作表

常用方法：在"开始"选项卡中，单击"单元格"组中的"插入"命令，在弹出的列表里选择"插入工作表"命令，如图1-6所示。

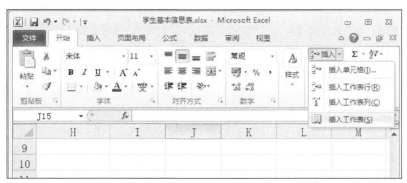

图1-6　插入工作表

 小贴士

✓　还可以使用以下方法插入工作表。

右键单击工作表标签，在弹出的快捷菜单中选择"插入"选项，在弹出的"插入"对话框中选择"工作表"，如图1-7所示。然后单击"确定"按钮，则在当前工作表的前面插入一个新的工作表。

图1-7　"插入"对话框

（2）删除工作表

常用方法：在"开始"选项卡下，单击"单元格"组中的"删除"命令，在弹出的列表里选择"删除工作表"命令，如图1-8所示。

图1-8 删除工作表

 小贴士

✔ 还可以使用以下方法删除工作表。

右键单击要删除的工作表的标签，在弹出的快捷菜单中选择"删除"命令即可，如图 1-9 所示。

4．工作表的重命名与切换

（1）工作表的重命名

常用方法：选择要更名的工作表如"Sheet1"，在"开始"选项卡中，单击"单元格"组中的"格式"，在弹出的下拉菜单里选择"重命名工作表"命令，如图1-10所示，进入编辑状态，输入工作表名即可。

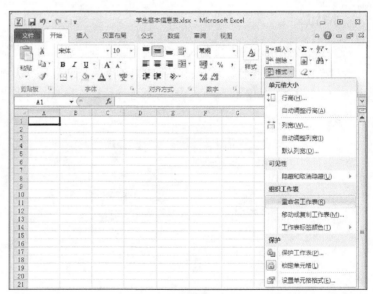

图1-9 删除工作表   图1-10 重命名工作表

 小贴士

✔ 还可以使用以下方法为工作表重命名。

① 右键单击要更名的工作表标签，从弹出的快捷菜单中选择"重命名"命令，如图 1-11 所示，然后输入新的工作表名。

图 1-11　重命名工作表

② 双击要更名的工作表标签，然后输入新的工作表名即可。

（2）工作表的切换

直接单击需要切换到的目标工作表标签即可。

（3）工作表标签的设置

用户可以修改工作表标签的颜色，常用的方法是：

右键单击需要修改的工作表标签，在弹出的快捷菜单中选择"工作表标签颜色"命令，弹出"主题颜色"框，如图 1-12 所示，从中选择需要的颜色即可。

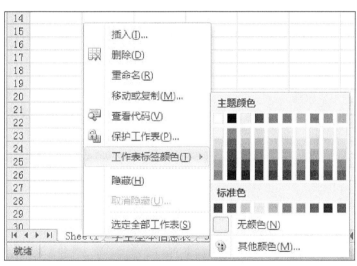

图 1-12　更改工作表标签颜色

 小贴士

✓　还可以使用以下方法更改工作表标签颜色。

选择要修改的工作表如"Sheet1"，在"开始"选项卡下，单击"单元格"组中的"格式"，在弹出的下拉菜单里选择"工作表标签颜色"，弹出"主题颜色"框，如图 1-13 所示，从中选择需要的颜色即可。

图 1-13　更改工作表标签颜色

5．工作表的移动、复制

有时为了提高工作效率，对于结构完全相同或者大部分相同的工作表来说，常常需要移动、复制等操作。

（1）工作表的移动

无论是在同一个工作簿还是不同工作簿中，移动工作表的方法都是一样的，常用的方法如下：

首先选择目标工作表标签，在"开始"选项卡中，单击"单元格"组中的"格式"命令，在弹出的下拉菜单中单击"移动或复制工作表"，打开"移动或复制工作表"对话框，在"下列选定工作表之前"列表框中选择 Sheet3 选项，单击"确定"按钮完成移动操作，如图 1-14 所示。

图 1-14　"移动或复制工作表"对话框

小贴士

✓ 还可以使用以下方法移动工作表。

① 右键单击目标工作表标签，在弹出的快捷菜单中选择"移动或复制"选项，如图 1-15 所示，打开"移动或复制工作表"对话框，在"下列选定工作表之前"列表框中选择 Sheet3 选项，单击"确定"按钮完成移动操作。

图 1-15　移动或复制工作表

② 在同一个工作簿中，选定目标工作表，按住鼠标左键向左右拖动，拖至目标位置后释放鼠标，此时可以看到目标工作表位置已经发生了改变。

（2）工作表的复制

常用的方法：首先选择目标工作表标签，在"开始"选项卡中，单击"单元格"组中的"格式"，在弹出的下拉菜单中单击"移动或复制工作表"，打开"移动或复制工作表"对话框，如图 1-14 所示，在"下列选定工作表之前"列表框中选择"Sheet3"选项，勾选"建立副本"复选框，单击"确定"按钮完成复制操作。

 小贴士

✓ 还可以使用以下方法复制工作表。

① 鼠标右键单击目标工作表标签，在弹出的快捷菜单中选择"移动或复制工作表"选项，如图 1-15 所示，打开"移动或复制工作表"对话框，在"下列选定工作表之前"列表框中选择"Sheet3"选项，勾选"建立副本"复选框，单击"确定"按钮完成移动操作。

② 在同一个工作簿中，选定目标工作表，按住鼠标左键同时按住 Ctrl 键不放，然后向左右拖动，拖至目标位置后释放鼠标，此时可以看到目标工作表被复制。

6. 工作表的拆分与冻结

（1）工作表的拆分

拆分工作表是把当前工作表窗口拆分成几个窗格，每个窗格都可以使用滚动条来显示工作表的各个部分。使用拆分窗口可以在一个文档窗口中查看工作表的不同部分。既可以对工作表进行水平拆分，也可以对工作表进行垂直拆分。

常用菜单命令拆分工作表的方法如下：

选定单元格（拆分的分割点），单击"视图"选项卡中"窗口"组中的"拆分"命令，以选定单元格为拆分的分割点，则工作表将被拆分为 4 个独立的窗口，如图 1-16 所示。

图 1-16　拆分工作表

 小贴士

✓　还可以使用以下两种方法拆分工作表。

①　使用鼠标拆分工作表。将鼠标指针置于垂直滚动条上方的小方块按钮 上，鼠标指针变成上下箭头形状时，向下拖动鼠标，此时窗口中出现一条灰色分割线，如图 1-17 所示。当灰色分割线拖到目标位置后释放鼠标即可。

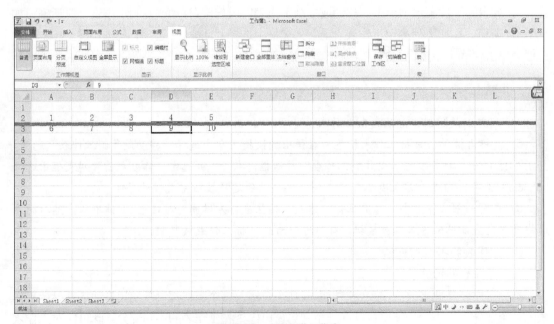

图 1-17　水平拆分工作表

同样的方法，将鼠标指针置于水平滚动条上方的小方块按钮上，鼠标指针变成左右箭头形状时，向左拖动鼠标，此时窗口中出现一条灰色分割线，如图 1-18 所示。当灰色分割线拖到目标位置后释放鼠标即可。

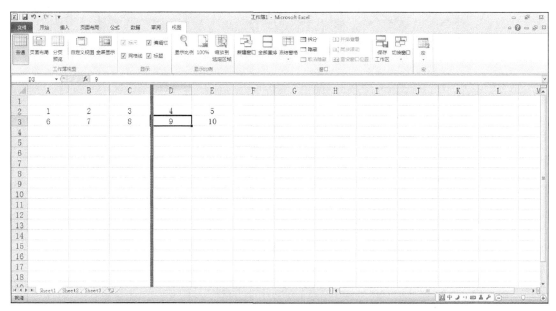

图 1-18　垂直拆分工作表

② 双击工作表标签拆分框和，就可以以当前选定的单元格为界线拆分工作表。

（2）取消拆分工作表

取消当前工作表的拆分，恢复窗口原来的形状。

常用菜单命令取消拆分工作表的方法如下：

单击"视图"选项卡中"窗口"组中的"拆分"命令，即可取消当前的拆分操作。

小贴士

✓ 还可以使用鼠标取消拆分工作表。

直接双击分割条即可取消拆分，恢复窗口原来的形状。

（3）工作表的冻结

当工作表中有很多数据时，如果使用垂直或水平滚动条浏览数据，行标题或列标题也随着一起滚动，这样查看数据很不方便。使用冻结窗口功能可将工作表的上窗格和左窗格冻结在屏幕上。这样，当使用垂直或水平滚动条浏览数据时，行标题和列标题将不会随着一起滚动，一直在屏幕上显示。

工作表冻结的操作方法如下：

打开要冻结的工作表，选中要进行冻结的位置。这里选择的是工作表中的 A3 单元格。选择"视图"选项卡，单击"窗口"组中的"冻结窗格"按钮中的下拉箭头，在其下拉列表中选择"冻结拆分窗格"命令，如图 1-19 所示。如只需冻结首行窗口或首列窗口，也可直接选择"冻结首行"或"冻结首列"命令。

项目 1　掌握 Excel 2010 的基本操作

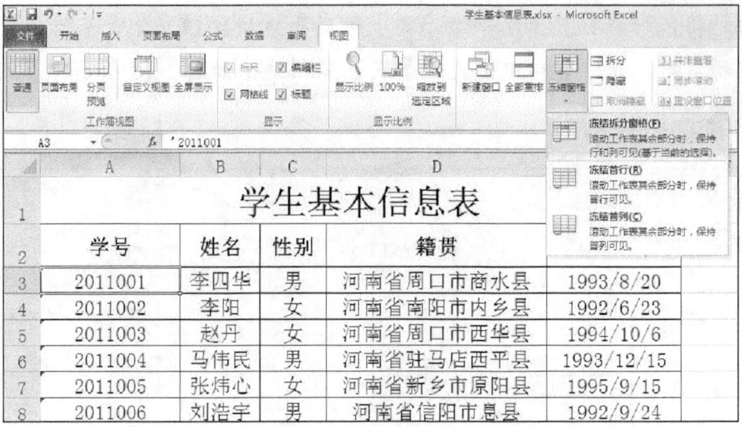

图 1-19 冻结工作表

返回到工作表中，向下滑动鼠标查看数据时，冻结的部分可始终保持可见状态，如图 1-20 所示。

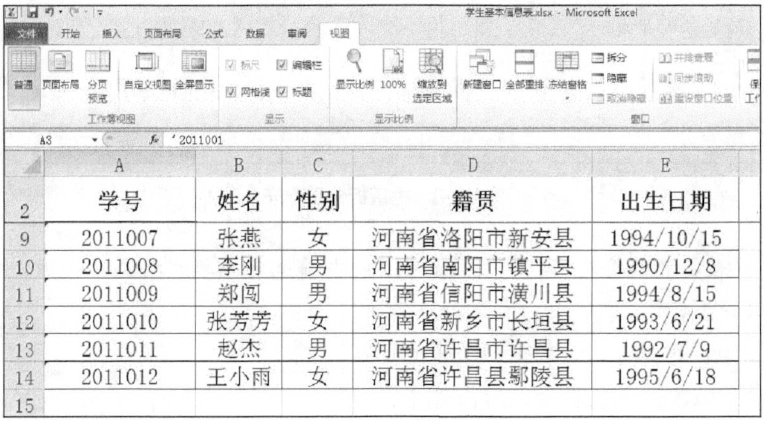

图 1-20 查看冻结工作表

取消冻结窗格的方法也很简单，单击"视图"选项卡中"窗口"组中的"冻结窗格"命令，在弹出的下拉菜单中选择"取消冻结窗格"命令，既可取消冻结窗格，把工作表恢复原样。

7．保护工作表

为了防止工作表被别人修改，可以设置对工作表的保护。保护工作表功能可防止修改工作表中的单元格、Excel 表、图表等。

（1）保护工作表

选定需要保护的工作表，如 Sheet1，单击"审阅"选项卡的"更改"组中的"保护工作表"命令，弹出"保护工作表"对话框，如图 1-21 所示，选择需要保护的选项，输入密码，单击"确定"按钮。

（2）保护工作簿

选定需要保护的工作簿，单击"审阅"选项卡的"更改"组中的"保护工作簿"命令，弹出"保护结构和窗口"对话框，如图 1-22 所示，在"保护工作簿"列中选择需要保护的选项，输入密码，单击"确定"按钮。其中，选择"结构"选项，可保护工作簿的结构，避免插入、删除等操作；选择"窗口"选项，保护工作簿的窗口，避免移动、缩放等操作。

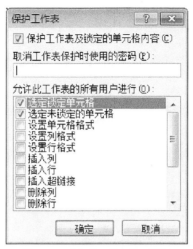

图 1-21 "保护工作表"对话框

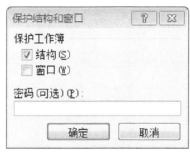

图 1-22 "保护结构和窗口"对话框

如果对工作表或工作簿进行了保护，则在"审阅"选项卡的"更改"组中的"保护工作表"为"撤销工作表保护"，"保护工作簿"为"撤销工作簿保护"。如果要取消对保护工作表或工作簿的保护，可单击"审阅"选项卡的"更改"组中的"撤销工作表保护"或"撤销工作簿保护"选项。如果设置了密码，选择所需选项后将弹出"撤销工作表保护"或"撤销工作簿保护"对话框，输入密码，单击"确定"按钮即可取消保护。

8．隐藏和恢复工作表

当工作簿中的工作表数量较多时，有些工作表暂时不用，为了避免对重要的数据和机密数据的误操作，可以将这些工作表隐藏起来，这样不但可以减少屏幕上显示的工作表，还便于用户对其他工作表的操作，如果想对隐藏的工作表进行编辑，还可以恢复显示隐藏的工作表。

（1）隐藏工作表

选定要隐藏的工作表，如 Sheet1，在"开始"选项卡中，单击"单元格"组中的"格式"命令，在弹出的下拉菜单中选择"可见性"中的"隐藏和取消隐藏"下拉菜单，如图 1-23 所示，在弹出的菜单中选择"隐藏工作表"命令，即可隐藏该选定的工作表。

（2）恢复工作表

在"开始"选项卡中，单击"单元格"组中的"格式"，在弹出的下拉菜单中选择"可见性"中的"隐藏和取消隐藏"下拉菜单，在弹出的菜单中选择"取消隐藏工作表"命令，如图 1-24 所示，弹出"取消隐藏"对话框，如图 1-25 所示，选择要恢复显示的工作表，如"学生基本信息表"，单击"确定"按钮，即可恢复该工作表的显示。

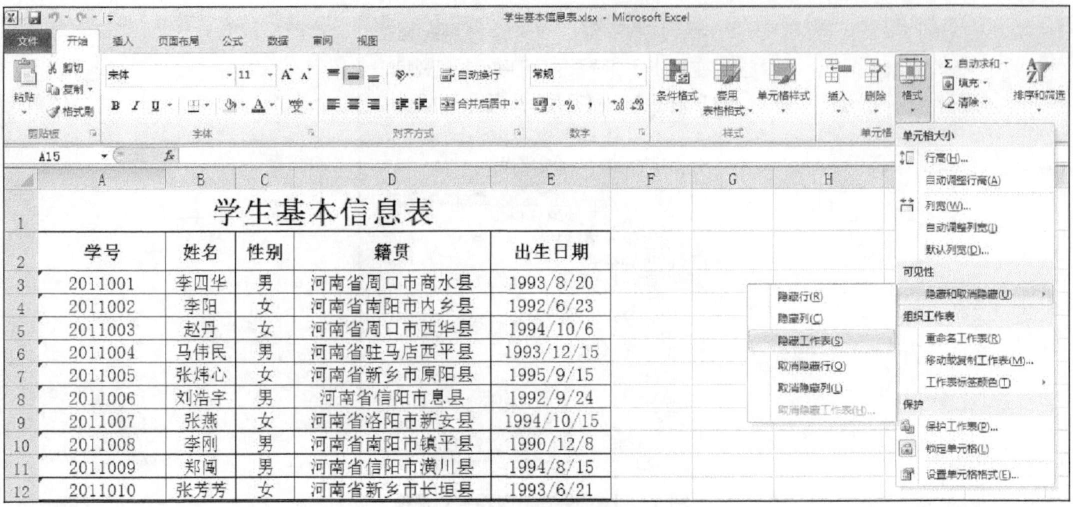

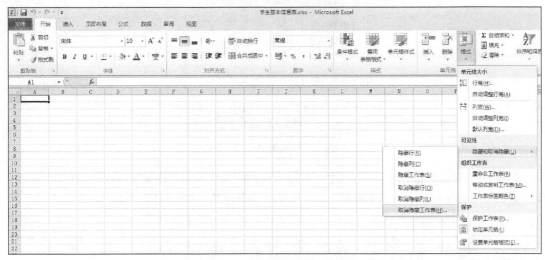

图 1-23 隐藏工作表

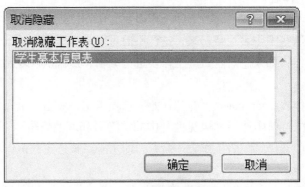

图 1-24 取消隐藏工作表

图 1-25 "取消隐藏"对话框

（四）输入表格数据

Excel 2010 的数据类型包括文本型数据、数值型数据、日期时间型数据，对于不同数据类型，其输入的方法是不同的，所以在电子表格输入数据之前，首先要了解所输入数据的类型。

要在单元格中输入数据，首先要定位单元格，常用的方法：单击要输入数据的单元格，直接输入数据，按 Enter 键确认。

视频：输入表格
数据

 小贴士

✓ 还可以使用以下两种方法输入数据。

① 双击单元格，单元格内出现插入光标，将插入光标移到适当位置后开始输入，这种方法常用于对单元格内容的修改。

② 单击单元格，然后单击编辑栏，并在其中输入或编辑单元格中的数据，输入的内容将同时出现在单元格和编辑栏上，通过单击"确认"按钮 ✔ 确认输入。如果发现输入有误，可以利用退格键删除字符，也可用 Esc 键或单击"取消"按钮 ✘ 取消输入。

1．输入文本型数据

文本可以是任何字符串或数字与字符串的组合。在单元格中文本自动左对齐。一个单元格中最多可输入 3200 个字符。当输入的文本长度超过单元格列宽且右边单元格没有数据时，允许覆盖相邻单元格显示。如果相邻的单元格中已有数据，则输入的数据在超出部分处截断显示。单元格中默认的数据显示方式为"常规"，其代表的意思是如果输入的是字符，则按文本类型显示；如果输入的是日期，则按日期格式显示；如果输入的是 0～9 的数据，则按数值型数据显示。所以当把数字作为文本输入时应当用以下方法。

① 将数字作为文本输入，常用的方法：在数字前面加上一个单引号"'"，如 "'2356"。注意：此处的单引号为英文半角输入状态下的符号。

 小贴士

✓ 还可以使用以下方法输入文本型数据。

选定单元格，在"开始"选项卡下，单击"单元格"组中的"格式"命令，在弹出的下拉菜单中选择"设置单元格格式"命令，弹出"设置单元格格式"对话框，如图 1-26 所示，选择"数字"选项卡中的"文本"项，单击"确定"按钮，则该单元格中输入的数字将作为文本处理。

图 1-26 "设置单元格格式"对话框

② 如果单元格中显示"#####"，则可能是输入的内容比较长，单元格不够宽，无法显示该数据。若要扩展列宽，可双击出现"#####"错误的单元格的列的右边界，这样可以调整列的大小，使其适应数字。也可以拖动右边界，直至列达到所需的大小。另外，当单元格的宽度不够时，还可以设置自动换行，也可以缩小字体填充。如果需要换行显示，在"开始"选项卡下的"对齐方式"组中，选中"自动换行"即可，如图 1-27 所示，还可以利用"Alt+Enter"组合键操作进行手动换行；如果需要缩小填充，选择目标单元格，单击"开始"选项卡中的"单元格"组中的"格式"命令，在弹出的下拉菜单中选择"设置单元格格式"命令，在打开的对话框中选择"对齐"选项卡，在"文本控制"复选框中选中"缩小字体填充"即可。

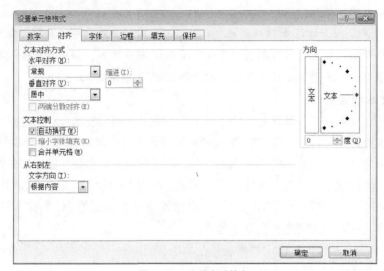

图 1-27　设置自动换行

2. 输入数值型数据

数字型数据也是 Excel 工作表中最常见的数据类型。数字型数据自动右对齐，如果输入的数字超过单元格宽度，系统将自动以科学记数法表示。若单元格中填满了"#"符号，说明该单元格所在的列没有足够的宽度显示这个数字。此时，需要改变单元格列的宽度。

在单元格中输入数字时需注意下面几点。

（1）输入正数时，正号"+"可以忽略；输入负数时，应在数字前面加上一个减号"-"或将其放在括号"（ ）"内。

（2）输入分数时，应先输入一个"0"加一个空格，如输入"0 3/5"，表示五分之三。否则，系统会将其作为日期型处理。

（3）输入百分数时，先输入数字，再输入百分号，则该单元格将对其应用百分比格式。

3. 输入日期型数据

Excel 把日期和时间作为特殊类型的数值。这些数值的特点是采用了日期或时间的格式。在单元格中输入可识别的时间和日期数据时，单元格的格式自动从"通用"转换为相应的"日期"或者"时间"格式，而不需要人为设定该单元格为"日期"或者"时间"格式。输入的日期和时间数据自动右对齐，如果输入的时间和日期数据系统不识别，则系统视为文本处理。

系统默认时间用 24 小时制表示，若要用 12 小时制表示，可以在时间后面输入 AM 或 PM，用来表示上午或下午，但和时间之间要用空格隔开。

可以利用快捷键快速输入当前的系统日期和时间，具体操作如下：按"Ctrl+；"组合键可以在当前光标处输入当前日期；按"Ctrl+Shift+；"组合键；可以在当前光标处输入当前时间。

按照上面输入日期时间的方法可以完成学生基本信息表"出生日期"列。效果如图 1-28 所示。

4．自动填充功能

在 Excel 表格的制作过程中，对于相同数据或者有规律的数据，Excel 自动填充功能可以快速地对表格数据进行录入，从而减少重复操作所造成的时间浪费，提高用户的工作效率。

情况一：通过控制柄填充数据。

Excel 2010 中，选择单元格后，出现在单元格右下角的黑色小方块就是控制柄。通过控制柄填充数据的操作方法如下。

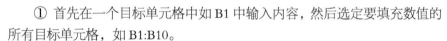

出生日期
1993/8/20
1992/6/23
1994/10/6
1993/12/15
1995/9/15
1992/9/24
1994/10/15
1990/12/8
1994/8/15
1993/6/21
1992/7/9
1995/6/18

图 1-28 "出生日期"列

① 选定起始单元格或单元格区域。如学生基本信息表中的学号列"2011001"。

② 将光标放在单元格或单元格区域右下角，鼠标变成实心十字"➕"。

③ 按住鼠标左键，向下拖动填充所有目标单元格后释放鼠标左键，就会产生有序的学号。

情况二：通过对话框填充序列数据。

在 Excel 2010 中，对于等差、等比、日期等有规律的序列数据，用户也可以通过序列对话框来填充，具体操作方法如下。

视频：Excel 自动填充功能

① 首先在一个目标单元格中如 B1 中输入内容，然后选定要填充数值的所有目标单元格，如 B1:B10。

② 在"开始"选项卡的"编辑"组中单击"填充"，在弹出的下拉菜单中选择"系列"命令，打开"序列"对话框，如图 1-29 所示。

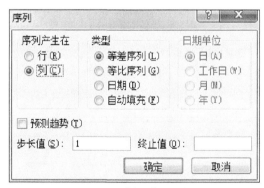

图 1-29 "序列"对话框

③ 在"序列"对话框中进行相应的设置：在"序列产生在"选项中选择"列"；在"类型"选项中选择"等比数列"；"步长值"设定为 2。

④ 单击"确定"按钮，则在 B1:B10 区域填好一个等比序列。

情况三：利用"自动填充"功能填充单元格。

"自动填充"功能是根据被选中起始单元格区域中数据的结构特点，确定数据的填充方式。

如果选定的多个单元格的值不存在等差或等比关系，则在目标单元格区域填充相同的数值；如果选定了多个单元格且各单元格的值存在等差或等比关系，则在目标单元格区域填充一组等差或等比序列。

方法如下。

① 选择工作表中已输入的序列。

② 选择已经输入的数据序列，将鼠标放在已选定单元格右下角，待鼠标指针变成实心十字"✚"时，单击鼠标左键向下选择要填充的目标单元格区域，松开鼠标后弹出"自动填充选项"，单击"不带格式填充"按钮就可以完成序列填充。

五、任务实施

STEP 1 启动 Excel 2010，选择"文件"→"新建"菜单命令，创建一个空白工作簿。

STEP 2 将输入法切换成中文输入法，在 Sheet1 中 A1 单元格内输入"学生基本信息表"，如图 1-30 所示。

STEP 3 分别在 A2、B2、C2、D2、E2 中输入"学号、姓名、性别、籍贯、出生日期"，效果如图 1-31 所示，根据自己的需要设置字体、字号。

视频：创建学生
基本信息表

图 1-30　输入标题

图 1-31　输入列标题

STEP 4 在 A3 中输入"'2011001"，表示输入文本型的数据，如图 1-32 所示。选中 A3 单元格，将鼠标移至单元格右下角，待鼠标指针变成实心十字"✚"的时候单击鼠标左键向下拖曳，产生一系列有序的数据，如图 1-33 所示。

图 1-32　输入学号

图 1-33 自动填充学号

STEP 5 分别在"姓名""性别""籍贯"中输入统计的学生信息。

STEP 6 选中 E3 至 E14 区域单元格，单击鼠标右键，在弹出的快捷菜单中选择"设置单元格格式"命令，弹出对话框，在"数字"选项卡的"分类"列表框中选择"日期"，图 1-34 所示为显示选择日期的类型。在设置好日期格式的单元格中输入学生的出生日期，注意年月日之间用分隔符分开即可。

图 1-34 设置出生日期格式

STEP 7 选择 A1 至 E1 区域单元格，单击"开始"→"对齐方式"→"合并后居中"命令，如图 1-35 所示，根据自己的需要设置字体、字号。

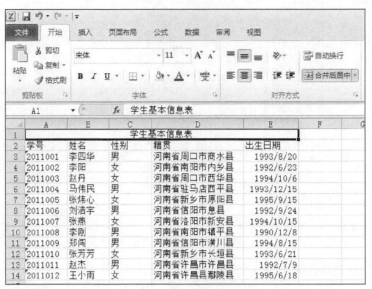

图 1-35　设置标题

STEP 8 选择 A2 至 E14 区域单元格，单击"开始"→"字体"→"田·"命令，单击边框后面向下的小三角，在下拉列表中选择"所有框线"命令，如图 1-36 所示。

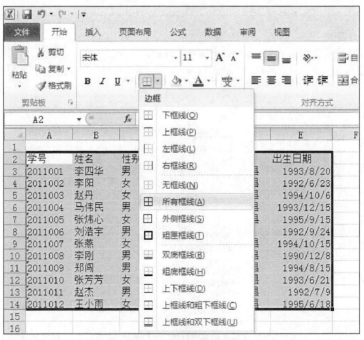

图 1-36　设置表格框线

STEP 9 单击鼠标选中 Sheet1 工作表标签，单击鼠标右键，选择"重命名"命令，将工作表改名为"学生基本信息表"，如图 1-37 所示。

图 1-37 工作表重命名

STEP 10 选择"文件"→"保存"命令，选定好保存位置，保存该工作簿，保存名称为"学生基本信息表"，如图 1-38 所示。

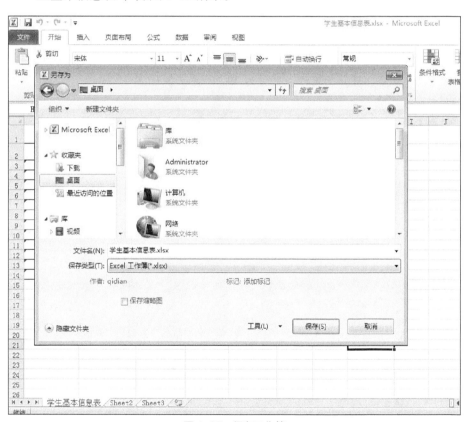

图 1-38 保存工作簿

 牛刀小试

×××贸易公司需要登记目前公司所有员工的基本情况，如图 1-39 所示。

工号	姓名	性别	民族	籍贯	出生日期	学历	毕业学校及专业
\multicolumn{8}{c}{XXX外贸公司员工基本情况登记表}
2013001	王小虎	男	汉	河南省郑州市	1990年3月30日	大学	黄河科技大学国际贸易专业
2013002	赵丹	女	汉	河南省信阳市	1995年6月18日	大学	河南财经政法大学经济贸易专业
2013003	马伟民	男	汉	河南省洛阳市	1993年8月20日	大学	商丘师范学院会计专业
2013004	张炜心	女	回	河南省南阳市	1992年6月23日	大专	河南财税专科学校经济贸易专业
2013005	李晓华	男	汉	河南省信阳市	1994年10月6日	大学	郑州大学国际贸易专业
2013006	李阳阳	女	汉	河南省新乡市	1993年12月15日	大专	河南财税专科学校经济贸易专业
2013007	刘浩宇	男	满	河南省许昌县	1995年9月15日	大学	万方科技学院计算机专业
2013008	张燕	女	汉	河南省许昌市	1992年9月24日	大学	武汉科技大学物流专业
2013009	李刚	男	汉	河南省周口市	1994年10月15日	大学	许昌学院电子商务专业
2013010	郑阔	男	回	河南省南阳市	1990年12月8日	大专	河南机电职业学院会计专业
2013011	张芳芳	女	汉	河南省周口市	1994年8月15日	大专	河南职业技术学院物流专业
2013012	赵杰	男	汉	河南省驻马店	1993年6月21日	大学	安阳学院电子商务专业
2013013	王小雨	女	汉	河南省新乡市	1992年7月9日	大学	河南师范大学计算机专业

视频：×××外贸公司员工基本情况登记表

图1-39　×××贸易公司员工基本情况登记表

要求如下。

新建一个Excel工作簿，输入表中员工基本信息，然后按要求进行排版设置。

（1）请将Sheet1改名为"×××贸易公司员工基本情况登记表"，并更换一种颜色显示标签。

（2）请将Sheet2、Sheet3删除。

（3）A列要求先设置成文本型，再使用自动填充方法输入。

（4）F列出生日期设置成图中所示样式。

（5）设置标题：字体为楷体，字号为20，合并且居中。

（6）设置正文文字：字体为宋体，字号为14，颜色为黑色。

（7）表中数据区域显示框线。

（8）保存文档，保存名称为×××贸易公司员工基本情况登记表。

PART 2

项目 2
设置与美化 Excel 文档

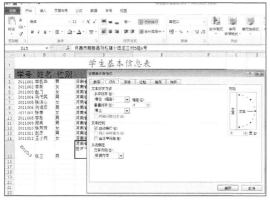

任务1　制作学生基本信息表

一、任务描述

新学年来到了，各班陆续组建，班主任为了了解每位新同学的情况，让班长统计班内同学的基本信息。作为新班长的李阳，打开 Excel 2010 开始制作学生基本信息表，如图 2-1 所示。

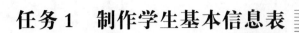

图 2-1　学生基本信息表

二、任务分析

根据上一任务知识点，结合单元格的相关操作，完成学生基本信息表的制作，包括姓名、性别、年龄、籍贯、爱好、身份证字号等相关信息，注意输入正确，确保无误。

三、任务目标

- 单元格编辑。
- 单元格数据的修改、移动与复制。
- 插入、删除、合并与拆分单元格。
- 调整单元格的行高、列宽。
- 格式化单元格。

四、知识链接

（一）单元格的编辑

在对表格中的数据进行处理的时候，最常用的操作就是对单元格的操作，掌握单元格的基本操作可以提高制作表格的速度。

1．选择单个单元格

将鼠标移动到目标单元格上单击即可，被选择的目标单元格以粗黑边框显示，并且被选择的单元格对应的行号和列号也以黄色突出显示，如图 2-2 所示。

2．选择多个非连续的单元格（或单元格区域）

选择第一个单元格或单元格区域，然后在按住 Ctrl 键的同时选择其他单元格或区域。也可以选择第一个单元格或单元格区域，然后按"Shift+F8"组合键将另一个不相邻的单元格或单元格区域添加到选定区域中。要停止向选定区域中添加单元格或单元格区域，只需要再次按"Shift+F8"组合键。

图 2-2　单元格的选择

 小贴士

✔　在此提示一点，要取消对不相邻选定区域中某个单元格或单元格区域的选择，就必需首先取消对整个选定区域的选择。

3．选择多个连续的单元格（或单元格区域）（见图 2-3）

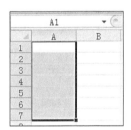

图 2-3　单元格区域

① 单击目标区域中的第一个单元格，拖至最后一个单元格。

② 在按住 Shift 键的同时按箭头键以扩展选定区域。

③ 也可以选择该区域中的第一个单元格，然后按 F8 键，使用箭头键扩展选定区域。要停止扩展选定区域，应再次按 F8 键。

4．选择整行或整列（见图 2-4）

① 单击行标题或列标题。

② 也可以选择行或列中的单元格，方法是选择第一个单元格，然后按 "Ctrl+Shift+箭头"组合键。

③ 如果行或列都包含数据，那么可选择某一单元格为起始，再按住"Ctrl+Shift+箭头"组合键，选定这一行或这一列中最后一个已填充单元格为止的数据部分。

图 2-4　选择整行

小贴士

✓ 用"Ctrl+Shift+箭头"组合键选择时，对于行，使用向右键或向左键；对于列，使用向上键或向下键。

5．选择多行或多列

（1）选择相邻的行或列

① 在行标题或列标题间拖动鼠标。

② 选择第一行或第一列，然后在按住 Shift 键的同时选择最后一行或最后一列，如图 2-5 所示。

（2）选择不相邻的行或列

单击选定区域中第一行的行标题或第一列的列标题，然后在按住 Ctrl 键的同时单击要添加到选定区域中的其他行的行标题或其他列的列标题，如图 2-6 所示。

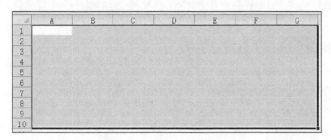

图2-5　选择相邻多行或多列

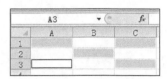

图2-6　选择不相邻的行列

6．选择全部单元格

① 单击当前工作表左上角的全选命令，也就是行号和列号交叉处位置的标记，如图 2-7 所示。

② 使用"Ctrl+A"组合键，可以选定当前工作表的全部单元格。如果工作表包含数据，按"Ctrl+A"组合键可选择当前区域，如图 2-8 所示。

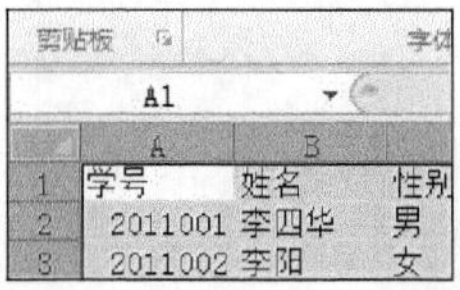

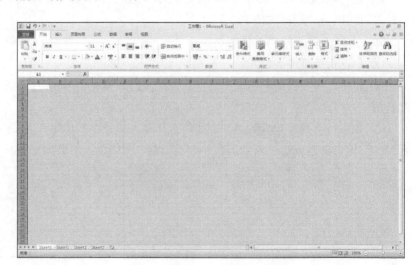

图2-7　左上角的全选命令

图2-8　选择整个工作表

小贴士

✓ 以上是选择单元格或单元格区域的方法，如果要取消已选择的单元格或单元格区域，单击工作表中的任意单元格即可。

（二）单元格数据的修改、移动与复制

1．单元格数据的修改

在工作表中输入数据时，常常需要对单元格的数据进行修改和清除操作。修改单元格数据一般有以下三种方法。

（1）在单元格中直接修改

用鼠标双击要修改的单元格，将鼠标指针移到需要修改的位置，根据需要对单元格的内容直接进行修改即可。

（2）利用编辑栏修改单元格的内容

选择要修改的单元格，使其变为活动单元格，该单元格中的内容将在编辑栏中显示，单击编辑栏并将鼠标指针移到需要修改的位置，根据需要直接对单元格的内容进行修改即可，如图2-9所示。

修改结束按 Enter 键或单击"确认"按钮保存修改，也可以按 Esc 键或单击"取消"按钮，放弃本次修改。

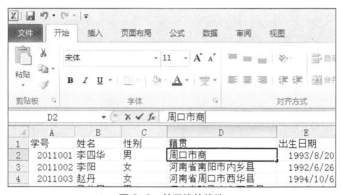

图2-9　单元格的修改

（3）替换单元格的内容

选择要修改的单元格，使其变为活动单元格，直接输入新的内容替换单元格原来的内容即可。

2．单元格数据的移动与复制

在 Excel 2010 中移动与复制单元格内容有以下四种方法。

（1）用鼠标拖动的方法移动和复制单元格的内容

选择单元格或单元格区域，将鼠标放置到该单元格的边框位置，鼠标指针变成四向箭头再移动。

① 如果要移动单元格内容，按住鼠标左键并拖动到目标单元格，释放鼠标左键，即可完成单元格内容的移动。

② 如果要复制单元格内容，在按住鼠标左键的同时按住 Ctrl 键并拖动到目标单元格后释

放鼠标左键，即可完成单元格内容的复制。

（2）使用菜单方式移动和复制单元格的内容

① 选择单元格或单元格区域，如果要移动单元格内容，单击"开始"→"剪贴板"→"剪切"命令，如图 2-10 所示。

② 如果要复制单元格内容，单击"开始"→"剪贴板"→"复制"命令。这时所选区域的单元格边框就会出现滚动的波浪线，如图 2-11 所示。

③ 用鼠标单击目标单元格的位置，单击"剪贴板"→"粘贴"命令即可将单元格的内容移动或复制到目标单元格。

④ 在复制单元格内容时，如果选择"粘贴"→"选择性粘贴"命令，则弹出"选择性粘贴"对话框，按照对话框上的选项选择需要粘贴的内容。

（3）使用右键移动和复制单元格的内容

选择单元格或单元格区域，如果要移动单元格内容，单击鼠标右键在弹出菜单中选择"剪切"命令，如果要复制单元格内容，选择"复制"命令，这时所选区域的单元格边框就会出现滚动的虚线，如图 2-11 所示。然后单击选择目标单元格位置，在右键菜单中选择"粘贴"命令即可。

图 2-10　单元格的移动

图 2-11　单元格的复制

（4）使用快捷键移动和复制单元格的内容

① 选择单元格或单元格区域，如果要移动单元格内容，按"Ctrl+X"组合键，如果要复制单元格内容，按"Ctrl+C"组合键。这时所选区域的单元格边框就会出现滚动的虚线如图 2-11 所示。然后单击选择目标单元格位置，按"Ctrl+V"组合键即可完成粘贴操作。

 小贴士

✓　几个常用的组合键："Ctrl+X"为剪切，"Ctrl+C"为复制，"Ctrl+V"为粘贴。

② 粘贴单元格。

进行复制粘贴的时候，我们并不希望将源区域中的内容全部粘贴到目标区域，我们需要的是可以更个性一点的选择性粘贴。在 Excel 2010 中早就为我们考虑到了这一点，而在操作过程中完全可以使用快捷菜单进行各种各样的选择性粘贴，而不需要在对话框中进行选择，图 2-12 所示可以有效地提高复制粘贴的效率，而且在粘贴过程中还提供了所见即所得的粘贴预览功能，想必这一点一定会吸引到你。接下来就为大家详细介绍打开包含选择性粘贴选项的快捷菜单的方法，如图 2-13 所示。

图 2-12　选择性粘贴

图 2-13　选择性粘贴快捷方式

- 粘贴：将源区域中的所有内容、格式、条件格式、数据有效性、批注等全部粘贴到目标区域。
- 公式：仅粘贴源区域中的文本、数值、日期及公式等内容。
- 公式和数字格式：除粘贴源区域内容外，还包含源区域的数值格式。数字格式包括货币样式、百分比样式、小数点位数等。
- 保留源格式：复制源区域的所有内容和格式，这个选项似乎与直接粘贴没有什么不同。但有一点值得注意，当源区域中包含用公式设置的条件格式时，在同一工作簿中的不同工作表之间用这种方法粘贴后，目标区域条件格式中的公式会引用源工作表中对应的单元格区域。
- 无边框：粘贴全部内容，仅去掉源区域中的边框。
- 保留源列宽：与保留源格式选项类似，但同时还复制源区域中的列宽。这与"选择性粘贴"对话框中的"列宽"选项不同，"选择性粘贴"对话框中的"列宽"选项仅复制列宽而不粘贴内容。
- 转置：粘贴时互换行和列。
- 合并条件格式：当源区域中包含条件格式时，粘贴时将源区域与目标区域中的条件格式合并。如果源区域不包含条件格式，该选项不可见。
- 值：将文本、数值、日期及公式结果粘贴到目标区域。
- 值和数字格式：将公式结果粘贴到目标区域，同时还包含数字格式。
- 值和源格式：与保留源格式选项类似，粘贴时将公式结果粘贴到目标区域，同时复制源区域中的格式。
- 格式：仅复制源区域中的格式，而不包括内容。
- 粘贴链接：在目标区域中创建引用源区域的公式。
- 图片：将源区域作为图片进行粘贴。
- 链接的图片：将源区域粘贴为图片，但图片会根据源区域数据的变化而变化。类似于 Excel 中的"照相机"功能。

（三）插入、删除、合并与拆分单元格

在处理工作表时，在已存在工作表的中间位置常常需要插入单元格或删除已经不需要的单元格，或者合并与拆分单元格。

视频：插入、删除单元格

1．插入单元格

（1）通过菜单插入

① 选择目标单元格，"开始"→"单元格"→"插入"命令，在弹出的下拉菜单中选择"插入单元格"即可，如图 2-14 所示。

图 2-14　插入单元格

② 如果需要插入一行，首先选定要插入行的任意一个单元格或者单击行号选择整行，然后单击"开始"→"单元格"→"插入"命令，在弹出的下拉菜单中选择"插入工作表行"子菜单，即可在当前位置插入一行，原有的行自动下移。

③ 若要在当前的工作表中插入多行，首先选定需要插入行的单元格区域，然后单击"开始"→"单元格"→"插入"命令，在弹出的下拉菜单中选择"插入工作表行"，则可在当前的单元格区域位置插入多个空白行，原有的单元格区域行自行下移。

④ 如果需要在当前的工作表中插入一列，首先选定要插入列的任意一个单元格或者单击列号选择整列，然后单击"开始"→"单元格"→"插入"命令，在弹出的下拉菜单中选择"插入工作表列"子菜单，即可在当前位置插入一列，原有的列自动右移。

⑤ 若要在当前的工作表中插入多列，首先选定需要插入列的单元格区域，然后单击"开始"→"单元格"→"插入"命令，在弹出的下拉菜单中选择"插入工作表列"子菜单，则可在当前的单元格区域位置插入多个空白列，原有的单元格区域列自行右移。

 小贴士

✓　插入的行数是选定单元格区域的行数。

✓　插入的列数是选定单元格区域的列数。

（2）通过右键插入

选择目标单元格，在目标单元格上单击鼠标右键，在弹出的快捷菜单中选择"插入"命令，弹出下拉菜单，如果需要插入单元格，则选择"活动单元格右移"或者"活动单元格下移"，如图 2-15 所示。如果需要添加行，选择"整行"，Excel 在当前位置的上方插入一行空白行；如果需要添加列，选择"整列"，Excel 在当前位置的左侧插入一列空白列。

图 2-15　右键插入单元格

2．删除单元格

（1）通过菜单删除

① 选择目标单元格，"开始"→"单元格"→"删除"命令，在弹出的下拉菜单中选择"删除单元格"命令即可，如图2-16所示。

图2-16　删除单元格

② 如果删除整行，选择整行，或者该行内某一单元格，"开始"→"单元格"→"删除"命令，在弹出的下拉菜单中选择"删除表格行"命令即可。

③ 如果删除整列，选择整列或者该列内的某一单元格，在"开始"→"单元格"→"删除"命令，在弹出的下拉菜单中选择"删除表格列"命令即可。

（2）通过右键删除

选择目标单元格，在目标单元格上单击鼠标右键，弹出的快捷菜单中选择"删除"命令，弹出下拉菜单，如果要删除单元格，则选择"活动单元格右移"或者"活动单元格下移"。如果要删除整行，选择"整行"即可；如果删除整列，选择"整列"即可，如图2-17所示。

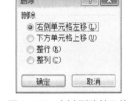

图2-17　右键删除单元格

3．合并与拆分单元格

在表格制作过程中，有时候为了表格整体布局的考虑，需要将多个单元格合并为一个单元格或者把一个单元格拆分为多个单元格。

（1）通过菜单合并

① 首先选择需要合并的所有目标单元格，单击"开始"→"对齐方式"→"合并后居中"命令，选择"合并单元格"命令即可完成单元格的合并，如图2-18所示。

图2-18　"合并后居中"下拉菜单

② 也可以单击"开始"→"单元格"→"格式"命令，在弹出的下拉菜单中选择"设置单元格格式"命令，接着在弹出的对话框中设置选择"对齐"选项卡，在"文本控制"组中选中"合并单元格"也可完成单元格的合并，如图2-19所示。

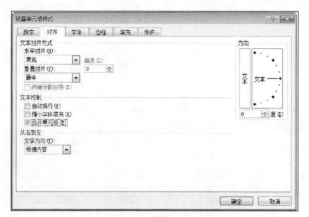

图 2-19　设置单元格格式

（2）通过鼠标右键合并

首先选择需要合并的所有目标单元格，然后单击右键，在弹出的快捷菜单中选择"设置单元格格式"，在弹出的对话框中选择"对齐"→"文本控制"组中选中"合并单元格"即可完成单元格的合并。

（3）拆分单元格

① 拆分单元格和合并单元格是互逆过程，所以如果想拆分合并后的单元格只需再次单击"合并后居中"命令或者选择其下拉菜单中的"取消单元格合并"即可完成单元格的拆分。

② 也可以在"设置单元格格式"→"对齐"→"文本控制"组中取消选中"合并单元格"即可完成单元格的拆分。

（四）调整单元格的行高、列宽

在实际应用中，有时用户输入的数据内容超出单元格的显示范围，这时用户需要调整单元格的行高或者列宽以容纳其内容。如为学生基本信息表添加标题，标题字体变大后要对行高做出调整。

1．调整单元格的行高

（1）鼠标拖动调整

利用鼠标拖动调整，这种方法适合粗略调整，精确度不高。将鼠标移到所选行如第一行标题行标的下边框处，当鼠标变为上下的双向箭头时，按下鼠标，用鼠标拖动该边框调整行的高度即可。

（2）自动调整功能

视频：调整单元格行高和列宽

将鼠标移到所选行如第一行标题行标的下边框处，当鼠标变为上下的箭头时，双击鼠标，该行的高度自动调整为适合的高度；或者用鼠标选择第一行标题行，单击"开始"→"单元格"→"格式"命令，在弹出的下拉菜单中选择"自动调整行高"命令也可达到刚才的效果，如图 2-20 所示。

（3）精确调整行高

利用菜单命令调整，精确度比较高，在 Excel 2010 中要精确调整行高，操作方法为，单击"开始"→"单元格"→"格式"命令，在弹出的菜单中选择"行高"命令，弹出"行高"对话框，在"行高"文本框中输入要设置的行高值，如图 2-21 所示。如将学生基本信息表的标题行行高设置为 25。

图 2-20 设置行高列宽

图 2-21 设置行高

2．调整单元格的列宽

（1）鼠标拖动调整

利用鼠标拖动调整，这种方法适合粗略调整，精确度不高。将鼠标移到目标列右边框的标记处，当鼠标变为左右的双向箭头时，按下鼠标左键，拖动该边框调整列的宽度即可。

（2）自动调整功能

将鼠标移到目标列列表的右边框处，当鼠标变为左右的双向箭头时，双击鼠标，该列的宽度自动调整为最适合的宽度；或者鼠标选择目标列，单击"开始"→"单元格"→"格式"命令，在弹出的下拉菜单中选择"自动调整列宽"命令也可达到图 2-20 所示的列宽效果。

（3）精确调整列宽

利用菜单命令调整，精确度比较高，在 Excel 2010 中要精确调整列宽，操作方法如下，单击"开始"→"单元格"→"格式"命令，在弹出的菜单中选择"列宽"命令，弹出"列宽"对话框，在对话框中的"列宽"文本框中输入要设置的列宽值即可，如图 2-22 所示。

图 2-22 设置列宽

（五）格式化单元格

使用 Excel 2010 创建工作表后，还可以通过添加边框等效果进行格式化操作，使表格外观更加美化，为学生基本信息表添加标题，如图 2-23 所示。

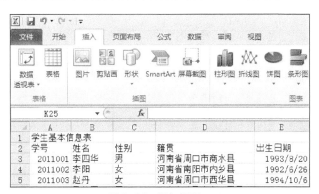

图 2-23 添加标题

视频：格式化单元格——设置字体格式

1．设置字体格式

（1）在 Excel 2010 下，在单元格中输入数据时，默认字体为宋体、字号为 11、颜色为黑色。

（2）要重新设置单元格内容的字体、字号、字体颜色和字形等字符格式，可选中要设置的Excel单元格或单元格区域，可以在"开始"→"字体"组中修改，如图2-24所示。

（3）除此之外，还可以利用Excel"设置单元格格式"对话框对单元格的字符格式进行更多的设置，方法是选定要设置字符格式的单元格或单元格区域，单击"字体"组右下角的对话框启动器按钮，打开"设置单元格格式"对话框，如图2-25所示。

图 2-24　设置字体　　　　　　　图 2-25　设置字体对话框

（4）举例如下。

① 在学生基本信息表中，选定要设置格式的单元格，如A1:E1，单击"开始"→"单元格"→"格式"命令右下角的黑色小三角，在弹出的下拉菜单中选择"设置单元格格式"命令，弹出"设置单元格格式"对话框，在该对话框中单击"字体"选项卡，设置字体为"宋体"，字形为"加粗"，字号为"24"，颜色为"红色"，设置完成后，单击"确定"按钮，即可得到所需字体效果。

② 在学生基本信息表中，选定要设置格式的单元格，例如A2:E14，单击鼠标右键，在弹出的菜单中选择"设置单元格格式"命令，弹出"设置单元格格式"对话框，单击"字体"选项卡，设置字体为"宋体"，字形为"常规"，字号为"12"，颜色为"黑色"，全部设置完成后，单击"确定"按钮，如图2-26所示。

	A	B	C	D	E
1		学生基本信息表			
2	学号	姓名	性别	籍贯	出生日期
3	2011001	李四华	男	河南省周口市商水县	1993/8/20
4	2011002	李阳	女	河南省南阳市内乡县	1992/6/26
5	2011003	赵丹	女	河南省周口市西华县	1994/10/6
6	2011004	马伟民	男	河南省驻马店市西平县	1993/12/15
7	2011005	张炜心	女	河南省新乡市原阳县	1995/9/15
8	2011006	刘浩宇	男	河南省信阳市息县	1992/9/24
9	2011007	张燕	女	河南省洛阳市新安县	1994/10/15
10	2011008	李刚	男	河南省南阳市镇平县	1990/12/8
11	2011009	郑闯	男	河南省信阳市潢川县	1994/8/15
12	2011010	张芳芳	女	河南省新乡市长垣县	1993/6/21
13	2011011	赵杰	男	河南省许昌市许昌县	1992/7/9
14	2011012	王小雨	女	河南省许昌市鄢陵县	1993/10/20
15					

图 2-26　设置标题后效果图

2．设置对齐方式

（1）想调整单元格中文本和数据的位置，如使标题居中对齐，只需单击"开始"→"对齐方式"→"合并后居中"命令。

（2）如果需要设置单元格中文本和数据的对齐方式，可以在"设置单元格格式"对话框的"对齐"→"文本对齐方式"组中的"水平对齐"下拉列表中选择"居中"，再在"垂直对齐"下拉列表中选择"居中"，全部设置完成后单击"确定"按钮即可得到图 2-27 所示的效果。

（3）调整单元格中文本和数据的位置也可以直接利用"开始"→"对齐方式"→"左对齐""右对齐""居中对齐"等命令直接对单元格的对齐方式进行设置，如图 2-28 所示。

图 2-27 设置"居中"后效果图

图 2-28　开始选项卡中对齐方式选项组

（4）有时候需要设定不同的对齐方式，如图 2-29 和图 2-30 所示。

图 2-29　水平对齐方式

图 2-30　垂直对齐方式

3．单元格边框

在 Excel 2010 工作表中，用户可以为选中的单元格区域设置各种类型的边框，从而增加表格的美观性和可识别性。

（1）启动 Excel，进入 Excel。在 Excel 选中要添加边框的表格，例如学生基本信息表。可以单击"开始"→"字体"→"边框"命令，选择最常用的 13 种边框类型，如图 2-31 所示，最终效果如图 2-32 所示。

（2）选中需要加边框的区域，单击"开始"→"单元格"→"设置单元格格式"命令，弹出"设置单元格格式"对话框，选择"边框"选项卡，如图 2-33 所示。这些边框按钮，可以根据你的需要添加边框，给表格进行描边。给表格添加"外边框"，单击"外边框"，然后单击"确定"按钮添加外边框成功，还可以对边框添加颜色，线条样式多样。

视频：格式化单元格——设置对齐方式及添加边框

图 2-31 添加边框图

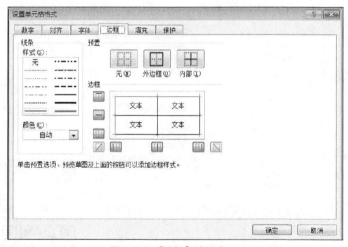

图 2-32 添加边框效果

（3）如果需要自定义边框，则可以单击"开始"→"字体"→"边框"命令，弹出"绘制边框"列表，如图 2-34 所示，在"绘制边框"列表里可以定义外边框、线条颜色、线型及擦除边框。

图 2-33 "边框"选项卡

图 2-34 自定义边框

 小贴士

✓ 鼠标指针变成铅笔状，此时可以给区域设置外边框。按住 Ctrl 键，鼠标指针的铅笔下方会加上一个网格，这时可以给区域中所有单元格绘制边框。

✓ 边框绘制完成后，单击工具栏中的"绘图边框"按钮或按 Esc 键退出边框绘制状态，鼠标指针还原为粗十字状。

五、任务实施

STEP 1 打开"计算机应用基础（下册）/项目素材/项目 2/素材文件"目录下的"学生基本信息表"工作簿，如图 2-35 所示。

图 2-35 打开工作簿

STEP 2 将 Sheet2 中的表格复制到 Sheet1 中，如图 2-36 所示。

图 2-36 复制工作表

STEP 3 在 Sheet1 中完成作业，在表格上方添加一行，输入表格名称"学生基本信息表"，合并居中，设置字体为楷体、红色、22 号，如图 2-37 所示。

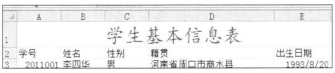

图 2-37 表格名称

STEP 4 将表格第二行、标题行设置为绿色底色，字体为黑体、20 号，居中对齐，如图 2-38 和图 2-39 所示。

开始
插入
页面布局
公式
数据
审阅
视图
黑体
20
字体
对齐方式

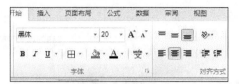

图 2-38　设置标题

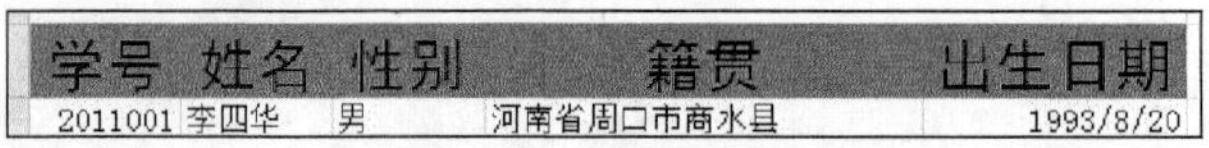

学号 姓名 性别 籍贯 出生日期
2011001 李四华 男 河南省周口市商水县 1993/8/20

图 2-39　标题样式

STEP 5 在表格的最下面一行输入自己的相应信息，设置学号“对齐方式”→方向“-45°”，如图 2-40 和图 2-41 所示。

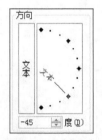

方向
文本
文本
-45
度(D)

图 2-40　对齐方向

14 2011012 王小雨 女 河南省许昌市鄢陵县 1993/10/20
2011013
15 张三 男 河南省许昌市鄢陵县 1992/7/9
16

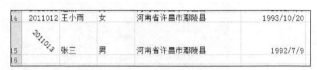

图 2-41　我的信息

STEP 6 把自己的籍贯地址填写清楚，设置为“自动换行”，水平对齐为靠左（缩进），垂直对齐为靠上，如图 2-42 和图 2-43 所示。

许昌市鄢陵县马栏镇小田庄三村5组6号
学生基本信息表
学号 姓名 性别
设置单元格格式
数字
对齐
字体
边框
填充
保护
文本对齐方式
文本控制
自动换行
方向
文本
确定
取消

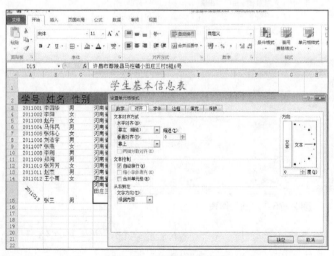

图 2-42　设置单元格格式

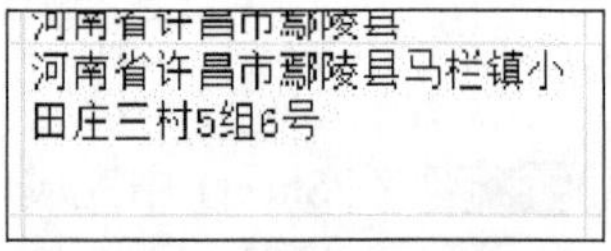

河南省许昌市鄢陵县
河南省许昌市鄢陵县马栏镇小
田庄三村5组6号

图 2-43　我的籍贯

STEP 7 在出生日期前加入一列，标题为爱好，输入自己的爱好，设置彩色填充，颜色任意，如图 2-44 和图 2-45 所示。

STEP 8 为整个表格添加边框。

STEP 9 保存工作簿。

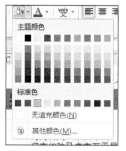

图 2-44　我的爱好（之一）

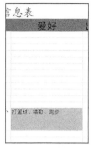

图 2-45　我的爱好（之二）

牛刀小试

打开“计算机应用基础（下册）/项目素材/项目 2/素材文件”目录下的“电艺学生成绩单”工作簿，按照下列要求完成，最终效果如“计算机应用基础（下册）/项目素材/项目 2/效果文件”目录下的“电艺学生成绩单完成稿”工作簿所示。

要求如下。

打开“电艺学生成绩单”工作簿，然后按要求进行排版设置。

（1）将 Sheet3 中的表格复制到 Sheet1 中。

（2）作业在 Sheet1 中完成，在表格上方添加一行，输入表格名称“08 级电艺学生成绩单”，合并居中，设置字体为楷体、红色、24 号。

（3）将表格第二行类别设置为绿色底色，字体黑体、12 号，居中对齐，列宽 11。

（4）在表格的最下面一行的每一类加一位学生的成绩，分别是赵晓婷 70、刘园园 78、屈凯迪 89、郭妍 93。

（5）在最左侧插入序号 01～16，设置对齐方式为居中，-60°，字体颜色为红色。标题序号底色为绿色，黑体、12 号，居中对齐。

（6）为表格添加所有框线。

（7）保存工作簿，如图 2-46 所示。

A1　08级电艺学生成绩单

	A	B	C	D	E	F	G	H	I
1	08级电艺学生成绩单								
2	序号	广告类		CI类		书籍装帧类		装饰工艺类	
3	01	姓名	成绩	姓名	成绩	姓名	成绩	姓名	成绩
4	02	孙宇	95	狄源楯	98	屈彩红	98	张高红	98
5	03	李鹏鹏	95	曹卜凡	97	蒋琳璐	97	谭诗杰	98
6	04	张静	95	肖华	97	翟晓蕾	96	李霎霎	97
7	05	赵利伟	95	张闪闪	96	王丰雨	95	张艳超	96
8	06	李阳	93	杜双红	96	肖芳	95	苏筱攸	96
9	07	于静静	93	张浩杰	95	周松艳	94	任媛媛	95
10	08	刘丽杰	93	南占飞	94	井艳会	94	王可可	95
11	09	付宾	93	杨国杰	93	张顺新	91	韩洁	94
12	10	王永强	93	李景峰	92	孟燕平	90	何彦芳	94
13	11	时优	92	赵亚宁	92	王雅君	90	高芬芬	94
14	12	马倩倩	92	刘霎	91	院国旭	90	翟欣然	94
15	13	扦娟娟	92	晋辉娟	90	李亚霎	90	邢利潘	94
16	14	程丽丽	90	李娟娟	89	王小政	89	木荣杰	93
17	15	王一龙	85	卫冬冬	80	王路宣	89	师春艳	93
18	16	赵晓婷	70	刘园园	78	屈凯迪	89	郭妍	93

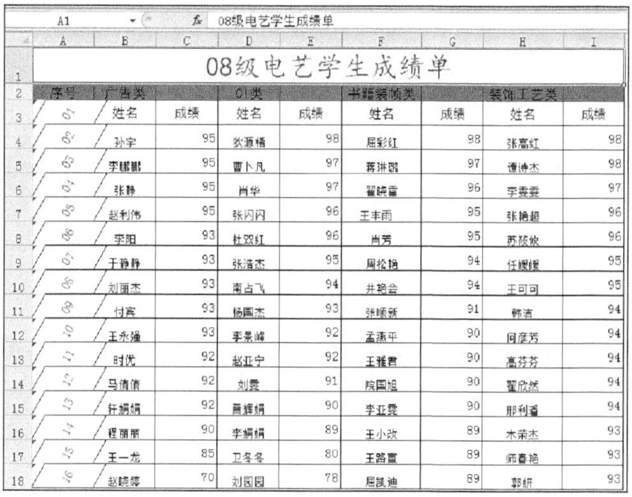

图 2-46　电艺学生成绩单完成稿

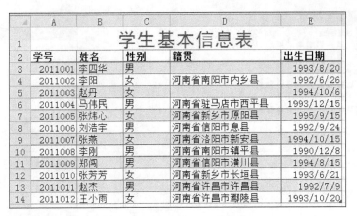

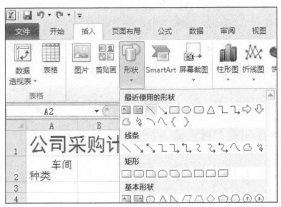

A	B	C	D	E	F	G
职工信息表						
职工编号	职工姓名	性别	专业	职称	是否党员	年龄
2000	张娟	女	电子系	教授	否	50
2001	杨丽	女	电子系	副教授	否	45
2002	张建民	男	电子系	教授	是	52
2003	宋伟叶	男	经贸系	讲师	是	25
2004	杨凤	女	农学系	讲师	是	32
2005	康小如	女	经贸系	教授	否	49
2006	马中涛	男	食品系	讲师	是	34
2007	李平	男	经贸系	助讲	否	29
2008	郑岩	女	经贸系	教授	是	48
2009	张新伟	女	机电系	讲师	否	31
2010	李立新	男	食品系	助讲	是	30
2011	王雨	女	农学系	教授	是	46
2012	郑华	女	食品系	讲师	是	36

任务 2 制作商品采购统计表

一、任务描述

×××公司计划采购一批材料，种类繁多，数量巨大，为了能把采购的材料统计出来以便于报销费用及留存档案，现需要制作商品采购计划表。

二、任务分析

根据上一任务所学知识点，结合 Excel 表格美化知识，完成商品采购计划表，要求美观大方，注意格式细节，信息内容清晰，一目了然，便于查找。

三、任务目标

- 单元格格式的设置。
- 单元格样式的添加方法。
- 自动套用表格样式。
- 条件格式的设置。

四、知识链接

（一）单元格格式的设置

1. 设置单元格底纹

我们打开 Excel 的时候，单元格的默认颜色是灰色的，看上去是无数个小小的灰格子，时间久了可能就没有什么新鲜感了。为了增加表格的趣味性，降低疲劳度，可以设置单元格底纹，单元格底纹包括背景色和图案。

（1）打开 Excel 2010 程序，单击"开始"→"单元格"→"格式"→"设置单元格格式"→"填充"，如图 2-47 所示。

视频：设置单元格格式——设置单元格底纹

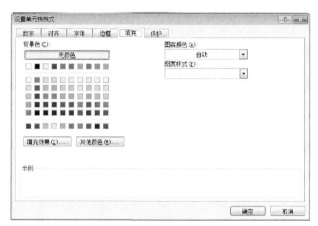

图 2-47　设置单元格格式填充

① 在"填充"选项卡的"背景色"中选择一种颜色用于单元格。

② 在"填充"选项卡中选择"图案颜色"和图案样式，如图 2-48 和图 2-49 所示。

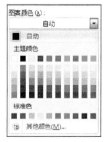

图 2-48　图案颜色

图 2-49　图案样式

③ 在"填充"选项卡中选择"填充效果"，如图 2-50 所示，填充效果包括纯色和渐变，底纹样式表示的是渐变样式。

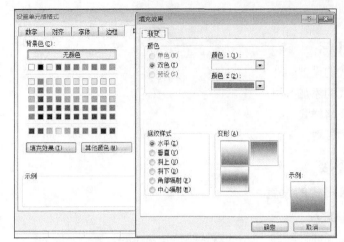

图 2-50　填充效果

④ 在"填充"选项卡中选择"其他颜色",如图 2-51 所示,包含"标准"和"自定义"两个选项卡。"标准"颜色是软件默认颜色,"自定义"颜色是用颜色模式调配出的新的颜色,颜色模式包括 RGB、HSL,如图 2-52 所示。

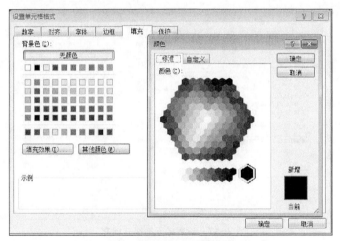

图 2-51　填充标准颜色

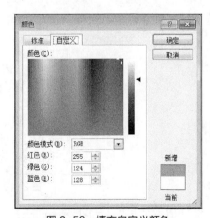

图 2-52　填充自定义颜色

小贴士

"RGB"颜色模式是工业界的一种颜色标准，是通过对红（R）、绿（G）、蓝（B）三个颜色通道的变化以及它们相互之间的叠加来得到各式各样的颜色的。RGB即代表红、绿、蓝三个通道的颜色，这个标准几乎包括了人类视力所能感知的所有颜色，是目前运用较广的颜色系统之一。

"HSL"颜色模式是工业界的一种颜色标准，是通过对色相（H）、饱和度（S）、明度（L）三个颜色通道的变化以及它们相互之间的叠加来得到各式各样的颜色的。HSL即代表色相、饱和度、明度三个通道的颜色，这个标准几乎包括了人类视力所能感知的所有颜色，是目前运用较广的颜色系统之一。

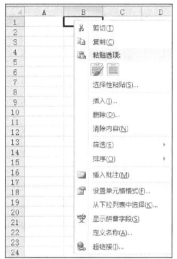

图2-53　选择"设置单元格格式"命令

（2）首先打开Excel 2010，然后选中要设置背景的单元格，单击鼠标右键，选择"设置单元格格式"命令，如图2-53所示。

（3）在弹出的"设置单元格格式"对话框中，选择"填充"选项卡，对单元格填充背景。

2．保护和撤销保护单元格

在使用Excel的时候，由于表格数据的重要性会希望把某些单元格锁定，以防他人篡改或误删数据。

（1）首先打开Excel 2010，选中任意一个单元格，单击鼠标右键，选择"设置单元格格式"命令。在弹出的"设置单元格格式"对话框中选择"保护"选项卡，在这里可以看到默认情况下"锁定"复选框是被选中的，说明所有单元格都是默认被选中的，如图2-54所示。现在要把所有单元格"锁定"的复选框都取消勾选。

视频：设置单元格格式——保护和撤销保护单元格

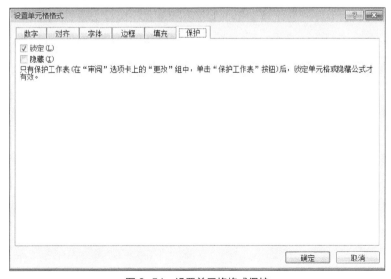

图2-54　设置单元格格式保护

（2）按 Ctrl+A 快捷键选中所有单元格，接着再单击鼠标右键，选择"设置单元格格式"命令，在弹出的"设置单元格格式"对话框中选择"保护"选项卡，把"锁定"前面的复选框取消勾选，单击"确定"按钮保存设置。

（3）选择需要保护的单元格区域，按上面操作勾选"锁定"复选框。

（4）选择"审阅"→"更改"→"保护工作表"命令，在弹出的"保护工作表"对话框中，输入"取消工作表保护时使用的密码"，并且在"允许此工作表的所有用户进行"列表框中勾选第一和第二项（默认是勾选上的），确认提交，如图 2-55 所示。

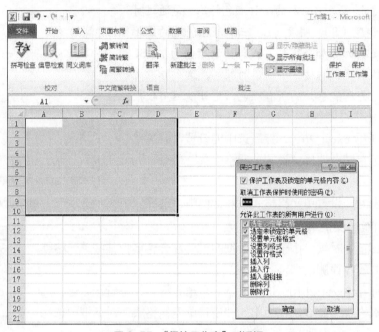

图 2-55 "保护工作表"对话框

（5）再次输入密码（跟上一步一样的密码），确认提交，如图 2-56 所示。

（6）完成上面步骤后，随便选一个保护的单元格双击进行编辑，就会弹出一个提示框编辑不了。保护工作表后如果自己要重新编辑了怎么办呢？这个时候要先在"撤销工作表保护"→"审阅"→"更改"组中单击"撤销工作表保护"，在弹出的窗口中输入"密码"，按图 2-57 所示确认提交就可以取消，此时又可以自由编辑了。

图 2-56 "确认密码"对话框

图 2-57 撤销工作表保护的对话框

3．隐藏显示工作表

一个文件里要集合很多个工作表，但是工作表多了，切换就显得麻烦。其实可以把一些工作表隐藏起来，这也可以保护一些工作表的安全性，不让人家知道。那么如何在 Excel 2010 中隐藏显示工作表呢？

（1）在"工作表标签行"上选择一张工作表标签，然后单击鼠标右键，选择"隐藏"命令，如图 2-58 所示。

（2）还有一种方法就是选择一张需要隐藏的工作表，单击"开始"→"单元格"→"格式"→"可见性"→"隐藏和取消隐藏"→"隐藏工作表"命令，如图 2-59 所示。

（3）显示工作表时在"工作表标签行"上选择一张工作表标签，然后单击鼠标右键，选择"取消隐藏"。

（4）还有一种方法就是选择一张需要隐藏的工作表，单击"开始"→"单元格"→"格式"→"可见性"→"隐藏和取消隐藏"→"取消隐藏工作表"命令。在弹出的对话框中可以看到已经隐藏的工作表，选择要取消隐藏的工作表，然后确认就取消隐藏了，如图 2-60 所示。

图 2-58　选择"隐藏"命令　　　　　　图 2-59　"格式"下的"隐藏"命令

图 2-60　"取消隐藏"对话框

4．工作表标签颜色

通过设置 Excel 工作表标签颜色，可以突出重点工作表，方法如下。

（1）在 Excel 工作表上单击鼠标右键，选择 Excel 工作表标签颜色，然后就可以设置喜欢的颜色了。

（2）激活 Excel 工作表，单击"开始"→"单元格"→"格式"→"组织工作表"→"工作表标签颜色"命令，选取适合的颜色，如图 2-61 所示。

图 2-61　工作表标签颜色

5．斜线表头

（1）打开 Excel 2010 工作表窗口，在第一个表格内输入姓名、班级。表头斜线上下都有文字，现在选中要设置为下标的文字，单击鼠标右键，选择"设置单元格格式"命令，这里选择"姓名"。在弹出的对话框的"特殊效果"中选择"下标"，单击"确定"按钮。然后用同样的方法将"班级"设置为"上标"。如图 2-62 所示，将文字调大一些。然后选择"插入"选项卡"形状"下面的"直线"，如图 2-63 所示。

视频：设置单元
格格式——斜
线表头

图 2-62　设置字体"上标""下标"

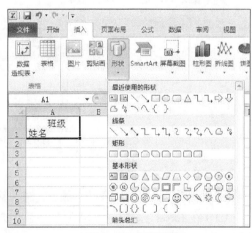

图 2-63　设置斜线

（2）打开 Excel 2010 工作表窗口，单击选中准备作为斜线标题的单元格。在编辑状态下在单元格内换行，并输入列标题的文本内容，例如姓名、班级。

按"Ctrl+Enter"组合键结束单元格编辑状态，并保持选中斜线标题单元格。单击"开始"→"字体"→"边框"命令，并在打开的菜单中选择"其他边框"命令。

打开"设置单元格格式"对话框，在"边框"选项卡中单击右下方的斜线边框，并单击"确定"按钮。

返回 Excel 2010 工作表窗口，适当调整文本位置使其更美观，如图2-64 所示。

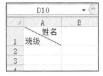

图 2-64　斜线表头效果

 小贴士

显示插入状态下，按"Alt+Enter"组合键，为单元格内换行。

按"Ctrl+Enter"组合键结束单元格编辑状态。

（二）单元格样式的设置

1. 套用样式

Excel 2010 自带很多种单元格样式，对单元格格式进行设置时都可以直接套用。

（1）在"开始"选项卡的"样式"组中，单击"单元格样式"按钮，则弹出对话框如图 2-65 所示。

图 2-65　"单元格样式"对话框

（2）举例：打开"计算机应用基础（下册）/项目素材/项目 2/素材文件"目录下的"电艺学生成绩单"工作簿，添加标题"08 级电艺毕业设计成绩"，将"对齐方式"设为"合并居中"，如图 2-66 所示。

① 标题行高增高为 23，单击"开始"→"样式"→"单元格样式"→"主题单元格式"→"强调文字 1"命令，如图 2-67 所示。

② 科目栏行高增高为 18，单击"开始"→"样式"→"单元格样式"→"主题单元格式"→"40%强调文字 1"命令。学生成绩行高不变，单击"开始"→"样式"→"单元格样式"→"主题单元格式"→"40%强调文字 2"命令，如图 2-68 所示。

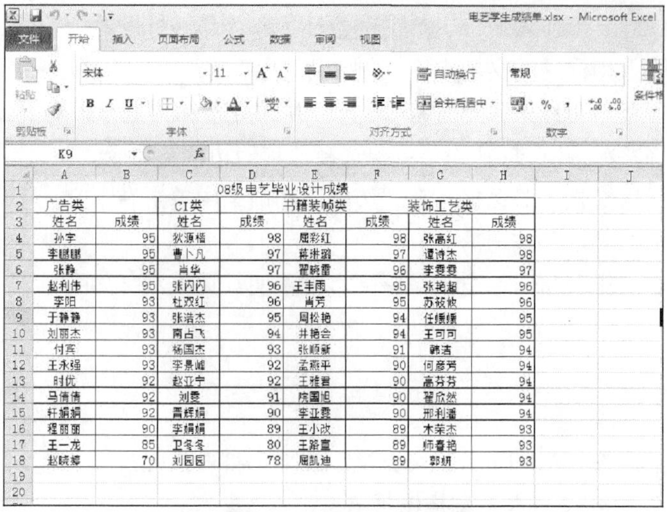

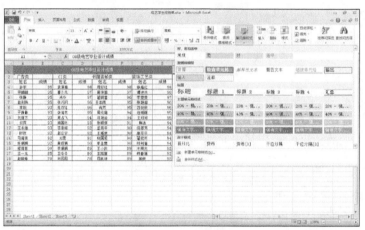

图 2-66　打开电艺学生成绩

图 2-67　主题单元格式

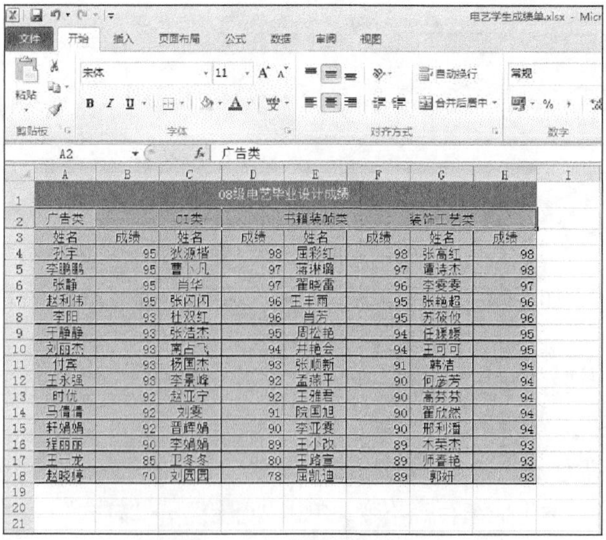

图 2-68　主题单元格格式

2．自定义样式

（1）当内置样式不能满足需要时，用户可以新建自定义的单元格样式，如图 2-69 所示。新建自定义样式后，在"样式"下拉列表上方会出现"自定义"样式区，其中包括新建的自定义样式的名称，如图 2-70 所示。

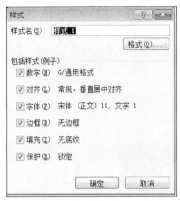

图 2-69 "样式"对话框（1）

图 2-70 自定义样式名称

（2）举例，现自定义一个单元样式，命名为统计表样式，边框为外边框，颜色填充为蓝色，对齐方式为水平垂直居中对齐，如图 2-71 和图 2-72 所示。

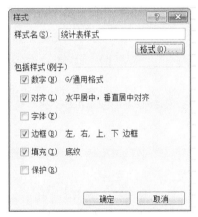

图 2-71 "样式"对话框（2）

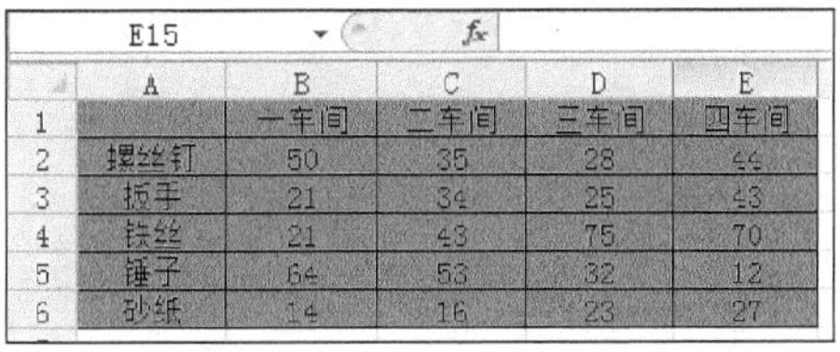

图 2-72 自定义样式效果

3．合并样式

（1）创建的自定义样式，只会保存在当前工作簿中，不会影响到其他工作簿的样式，如果需要在其他工作簿中使用当前新创建的自定义样式，可以使用合并样式来实现。

（2）举例，在电艺学生成绩单中合并刚才的自定义样式"统计表样式"。

① 先打开样式模板工作簿，然后激活需要合并样式的工作簿。

② 单击"开始"→"样式"→"单元格样式"命令，打开"样式"下拉列表，单击"合并样式"按钮，会出现对话框如图 2-73 所示。

③ 在弹出的"合并样式"对话框中，选中包含自定义样式的工作簿名，单击"确定"按钮，如图 2-74 所示。模板工作簿中的自定义模式就被复制到当前工作簿中了。

④ 最终效果如图 2-75 所示。

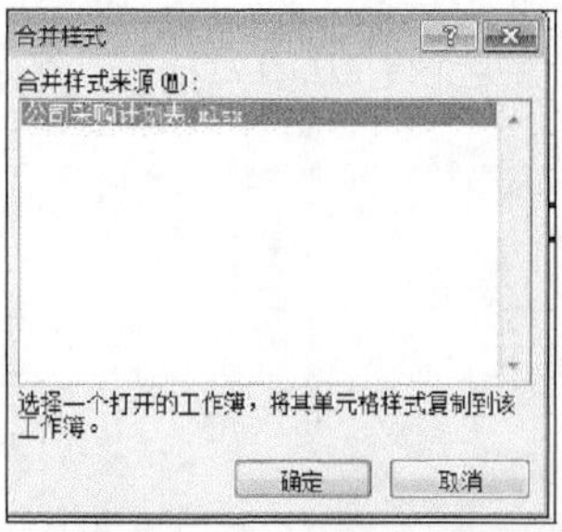

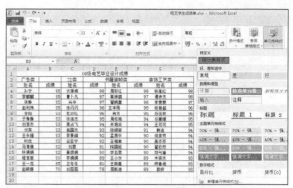

图 2-73 合并样式对话框

图 2-74 自定义合并样式名称

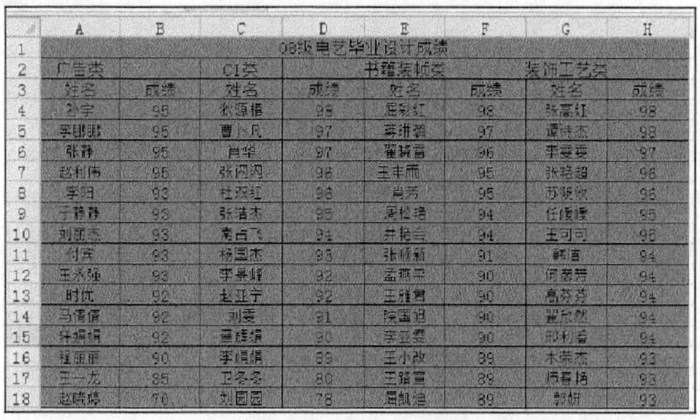

图 2-75 最终效果

（三）表格样式的设置

1．套用样式

在 Excel 2010 中，可以通过添加边框和底纹的方式美化工作表，但如果套用表格样式就没必要每次都做这么烦琐的工作了。

（1）选中学生基本信息表中的 A2:E14 单元格区域，单击"开始"→"样式"→"套用表格格式"按钮，在弹出的面板中选择"表样式浅色 17"，在弹出的"套用表格格式"对话框中勾选"表包含标题"，单击"确定"按钮（见图 2-76），其效果如图 2-77 所示。

（2）在"开始"选项卡中的"编辑"组中单击"排序和筛选"按钮，在弹出的下拉菜单中选择"筛选"按钮，取消自动筛选，如图 2-78 所示。

套用的模板也不是十分好看，但是，对于不会设计表格的人来说，通过套用，可以快速地实现具有一些美感的表格。而且会比一些新手自己设计的表格强很多。当你没有设计表格的能力时，不妨试试这种方法来帮助你快速调整表格的面貌。

图 2-76 "套用表格式"对话框

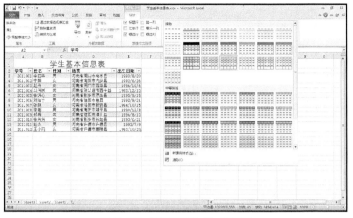

图 2-77 "套用表格式"效果图

图 2-78 取消自动筛选

2．自定义样式

（1）当内置样式不能满足需要时，用户可以新建表快速样式，如图 2-79 所示。新建自定义样式后，在"样式"下拉列表上方会出现"自定义"样式区，其中包括新建的自定义样式的名称，如图 2-80 所示。

（2）当内置数据透视表样式不能满足需要时，用户可以通过新建数据透视表快速样式来自定义数据透视表样式，如图 2-81 所示。

图 2-79 "新建表快速样式"对话框

图 2-80 自定义名称

图 2-81 "新建数据透视表快速样式"对话框

（四）条件格式

使用条件格式可以把指定的公式或数值作为条件，并将此格式应用到工作表选定范围中符合条件的单元格，单击"开始"→"样式"→"条件格式"命令，在弹出的菜单中进行相应的选择和设置，即可完成条件格式的设置。

实例操作如下。

① 选择工作表中要使用条件格式的单元格区域 D3:D14.

② 单击"开始"→"样式"→"条件格式"命令，在弹出的菜单中选择"突出显示单元格规则"→"文本包含"命令，如图 2-82 所示。

③ 在"文本中包含"对话框中输入包含文本"周口市"，"设置为"框中选择"自定义格式"，打开"设置单元格格式"对话框，设置字体颜色为"黄色"，单击"确定"按钮，完成本例，如图 2-83 和图 2-84 所示。

图 2-82 "条件格式"弹出菜单

图 2-83 "文本中包含"对话框

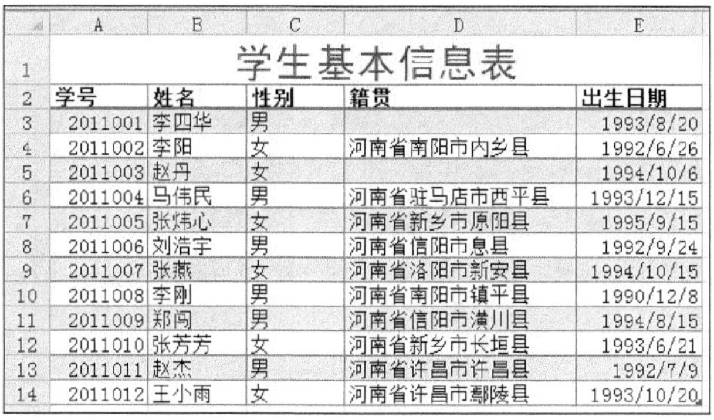

学生基本信息表				
学号	姓名	性别	籍贯	出生日期
2011001	李四华	男		1993/8/20
2011002	李阳	女	河南省南阳市内乡县	1992/6/26
2011003	赵丹	女		1994/10/6
2011004	马伟民	男	河南省驻马店市西平县	1993/12/15
2011005	张炜心	女	河南省新乡市原阳县	1995/9/15
2011006	刘浩宇	男	河南省信阳市息县	1992/9/24
2011007	张燕	女	河南省洛阳市新安县	1994/10/15
2011008	李刚	男	河南省南阳市镇平县	1990/12/8
2011009	郑闯	男	河南省信阳市潢川县	1994/8/15
2011010	张芳芳	女	河南省新乡市长垣县	1993/6/21
2011011	赵杰	男	河南省许昌市许昌县	1992/7/9
2011012	王小雨	女	河南省许昌市鄢陵县	1993/10/20

图 2-84　最终效果

五、任务实施

STEP 1 打开“计算机应用基础（下册）/项目素材/项目 2/素材文件”目录下的“公司采购计划表”工作簿，如图 2-85 所示。

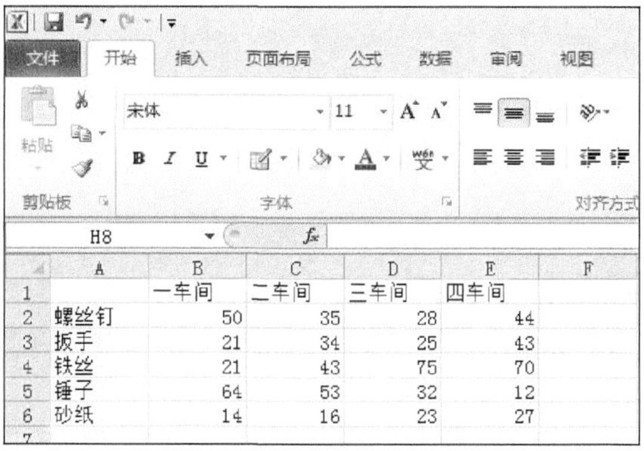

	一车间	二车间	三车间	四车间
螺丝钉	50	35	28	44
扳手	21	34	25	43
铁丝	21	43	75	70
锤子	64	53	32	12
砂纸	14	16	23	27

图 2-85　公司采购计划表

STEP 2 将 Sheet1 内容复制到 Sheet2 中，并添加标题，插入一行“公司采购计划表”，设置字号为“24 号”，字体为“黑体”，颜色为“红色”，对齐方式为“合并居中”，如图 2-86 所示。

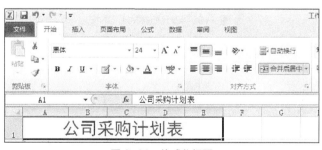

图 2-86　格式化标题

STEP 3 在 A2 单元格制作斜线表头，内容是“种类车间”，16 号。选择 “开始”→“单元格”→“格式”→“设置单元格格式”→“字体”→“特殊效果”命令，选中“上标”命令，如图 2-87 所示。选择“插入”→“插图”→“线条”命令制作斜线，如图 2-88 所示，效果如图 2-89 所示。

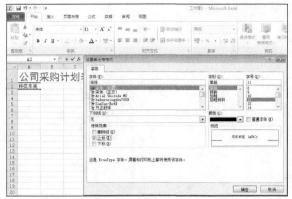

图 2-87　表头文字上标

图 2-88　添加斜线

图 2-89　斜线表头

STEP 4 选择标题 A1:E1，单击"开始"→"样式"→"单元格样式"→"标题 1"命令，效果如图 2-90 所示。

	A	B	C	D	E
1		公司采购计划表			
2	车间 种类	一车间	二车间	三车间	四车间
3	螺丝钉	50	35	28	44
4	扳手	21	34	25	43
5	铁丝	21	43	75	70
6	锤子	64	53	32	12
7	砂纸	14	16	23	27

图 2-90　单元格样式（1）

STEP 5 选择车间行 B2:E2，单击"开始"→"样式"→"单元格样式"→"强调文字 1"命令。

STEP 6 选择种类列 A3:A7，单击"开始"→"样式"→"单元格样式"→"60%强调文字 1"命令，效果如图 2-91 所示。

	A	B	C	D	E
1		公司采购计划表			
2	车间 种类	一车间	二车间	三车间	四车间
3	螺丝钉	50	35	28	44
4	扳手	21	34	25	43
5	铁丝	21	43	75	70
6	锤子	64	53	32	12
7	砂纸	14	16	23	27

图 2-91　单元格样式（2）

STEP 7 选择所有数据，单击"开始"→"条件格式"→"突出显示单元格规则"→"大于"命令，在"大于"对话框中设置"值"为"40"，在"设置为"下拉列表中选择"浅红填充色深红色文本"，如图 2-92、图 2-93 和图 2-94 所示。

图 2-92 "条件格式"命令

图 2-93 设置弹出"大于"对话框

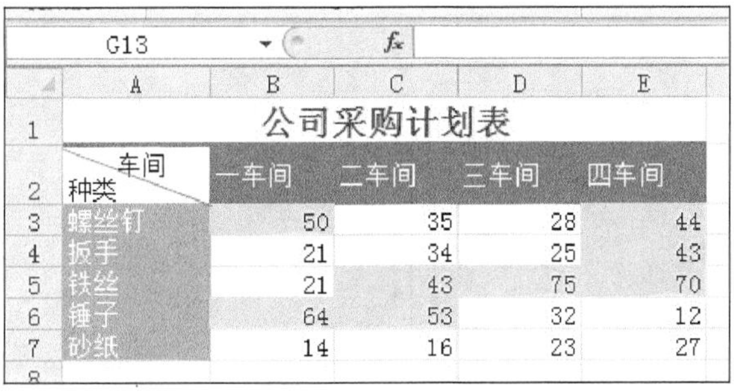

图 2-94 突出"大于 40"

STEP 8 选择表格内容除标题，单击"开始"→"样式"→"套用表格格式"→"中等深浅2"命令，效果如图 2-95 所示。

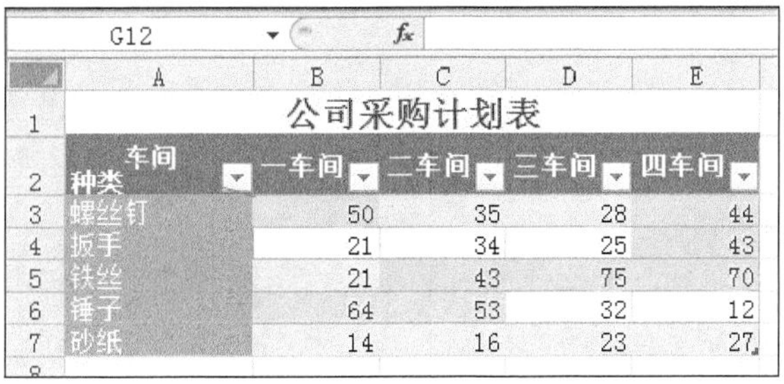

图 2-95 "套用表格样式"效果

STEP 9 选择表格内容除标题，单击"数据"→"排序和筛选"→"筛选"命令，取消筛选符号，最终效果如图 2-96 所示。

STEP 10 更改当前工作表标签名称为"采购"，标签颜色为"红色"。

STEP 11 将 Sheet1 隐藏，如图 2-97 所示。

种类	一车间	二车间	三车间	四车间
公司采购计划表				
螺丝钉	50	35	28	44
扳手	21	34	25	43
铁丝	21	43	75	70
锤子	64	53	32	12
砂纸	14	16	23	27

图 2-96 "筛选"结果

图 2-97 隐藏 Sheet1

STEP 12 保存工作簿。

 牛刀小试

启动 Excel 2010 应用程序，创建一个工作簿，创建要求如下。最终效果如"计算机应用基础（下册）/项目素材/项目 2/效果文件"目录下的"案例效果图 2-98"所示。

职工编号	职工姓名	性别	专业	职称	是否党员	年龄
职工信息表						
2000	张娟	女	电子系	教授	否	50
2001	杨丽	女	电子系	副教授	否	45
2002	张建民	男	电子系	教授	是	52
2003	宋伟叶	男	经贸系	讲师	是	25
2004	杨凤	女	农学系	讲师	是	32
2005	康小如	女	经贸系	教授	否	49
2006	马中涛	男	食品系	讲师	是	34
2007	李平	男	经贸系	助讲	否	29
2008	郑岩	女	经贸系	教授	是	48
2009	张新伟	女	机电系	讲师	否	31
2010	李立新	男	食品系	助讲	是	30
2011	王雨	女	农学系	教授	是	46
2012	郑华	女	食品系	讲师	是	36

图 2-98 案例效果图

（1）启动 Excel 2010 应用程序，创建一个工作簿，并将工作表标签命名为"职工信息表"；同时设置工作表标签为红色。

（2）输入图 2-98 所示的数据内容，要求输入过程中职工编号列要用填充的方式录入。

（3）年龄列内容要求数据类型为数值型，小数位数为 0，设置是否为党员列的数据类型为文本。

（4）其他栏目字段如职称、专业等相同单元格内容能通过复制实现输入。

（5）设置标题：要求标题合并单元格，并且水平、垂直方向均居中；并调整标题行的行高为 22。

（6）设置标题：要求标题文字字体为宋体，字号为 20，加粗，颜色为标准色红色；加双下画线，将表格栏标题的行高设置为 25 磅，并将该栏的文字垂直居中。

（7）设置列标题字段：字体为隶书，字号为 18，加粗，颜色为浅蓝色，文字在水平、垂直方向均居中，单元格设置浅紫色底纹。

（8）设置第一列单元格格式：字体为华文彩云，加粗，字号为 16，颜色为黑色，单元格底纹为灰色。

（9）设置正文其他单元格内容：字体为宋体，常规，字号为 16，颜色为黑色，文字在水平、垂直方向均居中；并将其他各列宽度设置为"最合适的列宽"。

（10）对职工的年龄设置条件格式：年龄大于 40，用浅红填充色，深红色文本；年龄小于 30，用蓝色、加粗斜体。

（11）设置工作表正文外边框红色最粗双线，内边框蓝色最细单实线。

（12）保存文档，工作簿的名称为"职工信息表"。

高级筛选

方式
- 在原有区域显示筛选结果(F)
- 将筛选结果复制到其他位置(O)

列表区域(L): $A$1:$C$21
条件区域(C): $F$1:$G$2
复制到(T): Sheet1!$J$1

选择不重复的记录(R)

确定　取消

	A	B	C
1	学号	姓名	期末成绩
2	15401	白超	95
3	15402	常皓	64
4	15403	陈阿康	81
5	15404	陈新艳	87
6	15405	丁天杨	90
7	15406	丁晓利	74
8	15407	丁鑫	89
9	15408	段方园	87
10	15409	耿梦婷	84
11	15410	皇仙凤	84
12	15411	贾昊鑫	83
13	15412	金怡宁	50
14	15413	酒晓毅	65
15	15414	李欢	82
16	15415	刘亮	89
17	15416	刘军旗	84
18	15417	刘世龙	89
19	15418	姜昌皓	90
20	15419	申卫鑫	84
21	15420	王菲	77

A1　学号

	A	B	C
1	学号	姓名	期末成绩
2	15401	白超	95
3	15402	常皓	64
4	15403	陈阿康	81
5	15404	陈新艳	87
6	15405	丁天杨	90
7	15406	丁晓利	74
8	15407	丁鑫	89
9	15408	段方园	87
10	15409	耿梦婷	84
11	15410	皇仙凤	84
12	15411	贾昊鑫	83
13	15412	金怡宁	50
14	15413	酒晓毅	65
15	15414	李欢	82
16	15415	刘亮	89
17	15416	刘军旗	84
18	15417	刘世龙	89
19	15418	姜昌皓	90
20	15419	申卫鑫	84
21	15420	王菲	77

剪切(T)
复制(C)
粘贴选项：
选择性粘贴(S)…
插入(I)…
删除(D)…
清除内容(N)
筛选(E)
　清除筛选(E)
　重新应用(R)
排序(O)
　按所选单元格的值筛选(V)
　按所选单元格的颜色筛选(C)
　按所选单元格的字体颜色筛选(F)
　按所选单元格的图标筛选(I)
插入批注(M)
设置单元格格式(F)…
从下拉列表中选择(K)…
显示拼音字段(S)
定义名称(A)…
超链接(I)…

10月份职工工资表

序号	姓名	职称	基本工资	课时津贴	应发工资	实发工资		课时津贴	实发工资
								>800	>2700
6	李楠	副教授	2000	1020	80	2940			
2	孙华	副教授	2000	1000	80	2920			
8	杨小格	副教授	2000	950	80	2870			
9	赵明	讲师	1800	980	60	2720			
10	吴江	讲师	1800	960	60	2700			
3	张磊	讲师	1800	930	60	2670			
5	王永天	讲师	1800	780	60	2520			
4	王永红	教授	3000	1180	100	4080			
1	张红丽	教授	3000	1050	100	3950			
7	方丽娜	助教	1600	700	50	2250			

序号	姓名	职称	基本工资	课时津贴	应发工资	实发工资
6	李楠	副教授	2000	1020	80	2940
2	孙华	副教授	2000	1000	80	2920
8	杨小格	副教授	2000	950	80	2870
9	赵明	讲师	1800	980	60	2720
4	王永红	教授	3000	1180	100	4080
1	张红丽	教授	3000	1050	100	3950

任务1 制作计算机应用基础成绩单

一、任务描述

期末考试结束了，计算机基础这门课程的成绩出来了，成绩需要整合，因此要制作一个学生成绩表，以便于存档。

二、任务分析

根据上一任务所学知识点，结合 Excel 数据统计方法，完成学生成绩汇总表，要求学生成绩按照从高到低排序，并进行条件筛选及数据的简单计算。

三、任务目标

- 数据的排序。
- 数据的筛选。
- 数据的查找和选择。
- 单元格数据的简单计算。
- 单元格的填充及清除。

四、知识链接

首先打开"计算机应用基础"成绩单，如图 3-1 所示，接下来分别以当前数据源（表）进行排序、筛选及数据的简单计算等操作。

	A	B	C
1	学号	姓名	期末成绩
2	15401	白超	95
3	15402	常皓	64
4	15403	陈阿康	81
5	15404	陈新艳	87
6	15405	丁天杨	90
7	15406	丁晓利	74
8	15407	丁鑫	89
9	15408	段方园	87
10	15409	耿梦停	84
11	15410	皇仙凤	84
12	15411	贾昊鑫	83
13	15412	金怡宁	50
14	15413	酒晓毅	65
15	15414	李欢	82
16	15415	刘竟	89
17	15416	刘军旗	84
18	15417	刘世龙	89
19	15418	娄昌皓	90
20	15419	申卫鑫	84
21	15420	王菲	77

图 3-1 计算机应用基础

（一）数据排序

为了便于对数据进行管理与查阅，对数据表中的数据按照某一字段的值进行排序，用来排序的字段称为关键字。数据表的排序可使用以下两种方法。

1. 简单排序

简单排序一般在工作表中的数据需要按照某一单一条件进行排序时使用，其方法有三种，分别如下。

视频：数据的排序

（1）单击"开始"→"编辑"→"排序和筛选"命令，按需要选择"升序"或"降序"，"升序"就是数字的从小到大、时间的从前到后等，如图3-2所示。

（2）单击"数据"→"排序和筛选"→"升序"或"降序"命令进行排序，如图3-3所示。

（3）右键单击需要排序的单元格，在弹出的菜单中选择"排序"选项，在弹出的子列表中选择需要的排序方式，如图3-4所示。

图3-2　排序和筛选

图3-3　排序快捷按钮

图3-4　快捷菜单命令排序

（4）操作举例，对刚建立好的计算机应用基础成绩数据表格的C列进行排序。

① 首先选择目标单元格区域即C列。

② 然后单击"开始"→"编辑"→"排序和筛选"命令，在弹出的列表中选择"降序"，就可以把计算机应用基础成绩数据表格的C列降序排序，如图3-5所示。

③ 在排序中会出现一个"排序提醒"对话框，如图3-6所示，"扩展选定区域"指的是将扩展区域（近乎整个表格）都进行相应排序。以当前选定区域排序的只将选定的区域进行排序。

（5）在成绩单中我们发现，姓名是按照英文字母从A到Z的升序排列的，如果现在按照降序来排列则是从Z到A，如图3-7所示。

在制作完 Excel 表格以后，我们可能将要对 Excel 表格中的数据按照大小、日期或字母等方式进行排序，这样更利于我们预览。Excel 排序的方式有很多，比如 Excel 数字排序、日期排序、大小排序、姓名排序、地名排序等，此外还可以按照自定义方式排序。

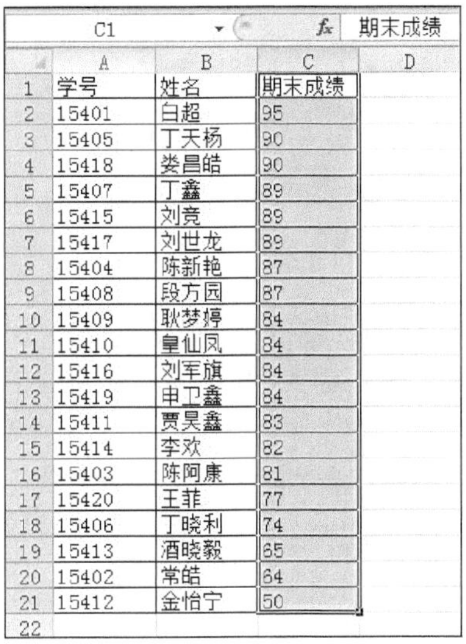

C1 | f_x 期末成绩

	A	B	C	D
1	学号	姓名	期末成绩	
2	15401	白超	95	
3	15405	丁天杨	90	
4	15418	娄昌皓	90	
5	15407	丁鑫	89	
6	15415	刘竟	89	
7	15417	刘世龙	89	
8	15404	陈新艳	87	
9	15408	段方园	87	
10	15409	耿梦婷	84	
11	15410	皇仙凤	84	
12	15416	刘军旗	84	
13	15419	申卫鑫	84	
14	15411	贾昊鑫	83	
15	15414	李欢	82	
16	15403	陈阿康	81	
17	15420	王菲	77	
18	15406	丁晓利	74	
19	15413	酒晓毅	65	
20	15402	常皓	64	
21	15412	金怡宁	50	
22				

图 3-5 按成绩从高到底排

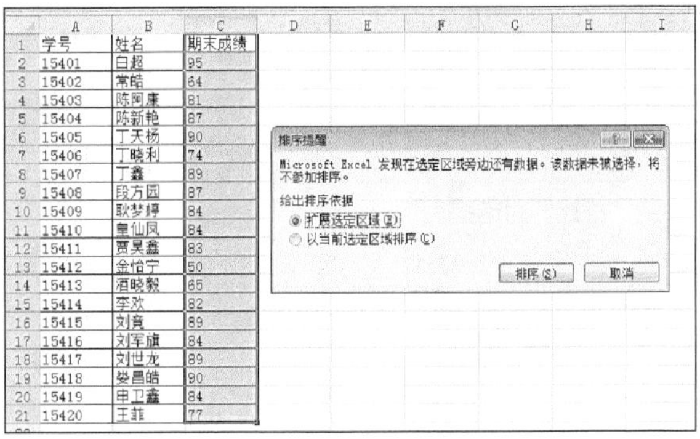

	A	B	C
1	学号	姓名	期末成绩
2	15401	白超	95
3	15402	常皓	64
4	15403	陈阿康	81
5	15404	陈新艳	87
6	15405	丁天杨	90
7	15406	丁晓利	74
8	15407	丁鑫	89
9	15408	段方园	87
10	15409	耿梦婷	84
11	15410	皇仙凤	84
12	15411	贾昊鑫	83
13	15412	金怡宁	50
14	15413	酒晓毅	65
15	15414	李欢	82
16	15415	刘竟	89
17	15416	刘军旗	84
18	15417	刘世龙	89
19	15418	娄昌皓	90
20	15419	申卫鑫	84
21	15420	王菲	77

图 3-6 “排序提醒”对话框

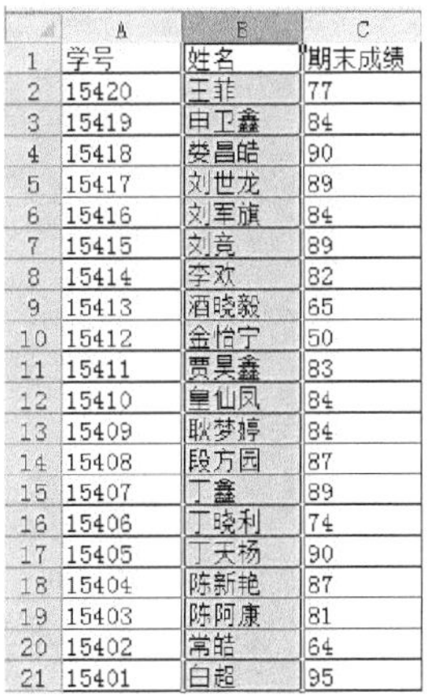

	A	B	C
1	学号	姓名	期末成绩
2	15420	王菲	77
3	15419	申卫鑫	84
4	15418	娄昌皓	90
5	15417	刘世龙	89
6	15416	刘军旗	84
7	15415	刘竟	89
8	15414	李欢	82
9	15413	酒晓毅	65
10	15412	金怡宁	50
11	15411	贾昊鑫	83
12	15410	皇仙凤	84
13	15409	耿梦婷	84
14	15408	段方园	87
15	15407	丁鑫	89
16	15406	丁晓利	74
17	15405	丁天杨	90
18	15404	陈新艳	87
19	15403	陈阿康	81
20	15402	常皓	64
21	15401	白超	95

图 3-7 按名字首字母排序

（6）在排序中还可以把单元格有填充的放在前面，把有字体颜色的放在最前面，把有单元格图标的放在最前面。方法是：右键单击需要排序的单元格，在弹出的菜单中选择“排序”选项，在弹出的子列表中选择需要的排序方式。

小贴士

排序时如何选定特定区域？

✓ 按“Ctrl+G”组合键调出“定位”对话框，在“引用位置”处输入单元格区域名称，单击“确定”按钮即可，如图 3-8 所示。

✓ 在单元格区域中选中任意一个单元格，按“Ctrl+Shift+*”组合键即可选定单元格所在的整个区域。

图 3-8 "定位"对话框

2．高级排序

在数据表中使用高级排序可以实现对多个字段数据进行同时排序。这多个字段也称为多个关键字，通过设置主要关键字和次要关键字，可确定数据排序的优先级。

（1）打开职工工资表，单击"数据"→"排序和筛选"→"排序"命令，弹出"排序"对话框，在"主要关键字"下拉列表中选择"职称"，在"次序"下拉列表中选择按"升序"方式排序；然后设置次要关键字，单击"添加条件"按钮，出现"次要关键字"选项，在下拉列表中选择"课时津贴"，并选择"降序"方式排序，如图 3-9 所示，单击"确定"按钮，即可得到排序后的数据显示结果，如图 3-10 所示。

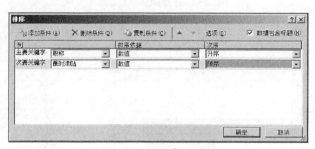

图 3-9 "排序"对话框

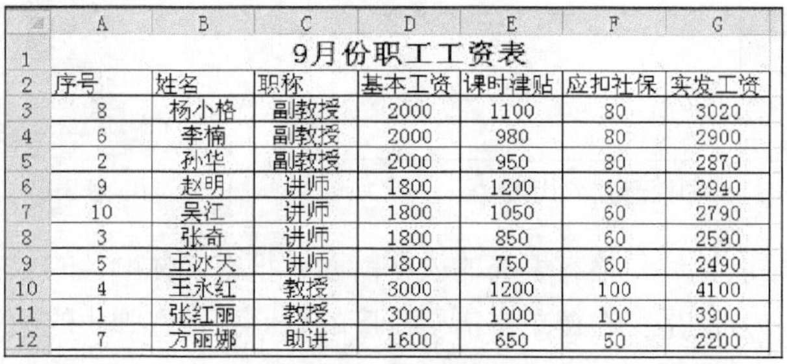

	A	B	C	D	E	F	G
1			9月份职工工资表				
2	序号	姓名	职称	基本工资	课时津贴	应扣社保	实发工资
3	8	杨小格	副教授	2000	1100	80	3020
4	6	李楠	副教授	2000	980	80	2900
5	2	孙华	副教授	2000	950	80	2870
6	9	赵明	讲师	1800	1200	60	2940
7	10	吴江	讲师	1800	1050	60	2790
8	3	张奇	讲师	1800	850	60	2590
9	5	王冰天	讲师	1800	750	60	2490
10	4	王永红	教授	3000	1200	100	4100
11	1	张红丽	教授	3000	1000	100	3900
12	7	方丽娜	助讲	1600	650	50	2200

图 3-10 排序后效果

（2）在 Excel 2010 中，在选择排序依据时，还可以按单元格颜色、字体颜色或单元格图标等进行排序方式的设置。

（3）把计算机基础成绩表按照自定义排序，如图 3-11 所示，效果如图 3-12 所示。

（4）如果不是单纯的升降序，我们还可以自定义序列。单击"数据"→"排序和筛选"→"排序"命令，弹出"排序"对话框。在"输入序列"中输入相应序列即可，如图 3-13 所示。

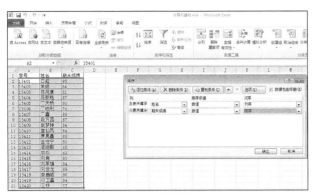

图 3-11　"自定义排序"对话框

	A	B	C
1	学号	姓名	期末成绩
2	15401	白超	95
3	15402	常皓	64
4	15403	陈阿康	81
5	15404	陈新艳	87
6	15405	丁天杨	90
7	15406	丁晓利	74
8	15407	丁鑫	89
9	15408	段方园	87
10	15409	耿梦婷	84
11	15410	皇仙凤	84
12	15411	贾昊鑫	83
13	15412	金怡宁	50
14	15413	酒晓翠	65
15	15414	李欢	82
16	15415	刘竟	89
17	15416	刘军旗	84
18	15417	刘世龙	89
19	15418	娄昌皓	90
20	15419	申卫鑫	84
21	15420	王菲	77

图 3-12　最终效果

图 3-13　自定义序列

 小贴士

✓　单击"开始"→"编辑"→"排序和筛选"→"自定义排序"命令也可高级排序，如图 3-14 所示。

✓　右键单击需要排序的单元格，在弹出的菜单中选择"排序"选项，在弹出的子列表中选择"自定义排序"，也可高级排序，如图 3-15 所示。

图 3-14　选择"自定义排序"命令方法一

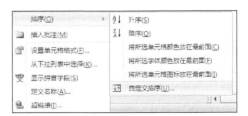

图 3-15　选择"自定义排序"命令方法二

（二）数据筛选

1．自动筛选

使用自动筛选可以按简单条件在数据表格中快速筛选出满足指定条件的数据，其一般又分为单一条件筛选和自定义筛选，筛选出的数据显示在原数据区域。其操作方法如下。

（1）单击"开始"→"编辑"→"排序和筛选"命令，在下拉菜单中选择"筛选"命令，如图3-16所示。

（2）单击"数据"→"排序和筛选"→"筛选"命令，如图3-17所示。

图3-16　筛选命令

图3-17　"筛选"命令

（3）选择数据目标区域中的任意单元格，右键单击该单元格，在弹出的列表中选择"筛选"选项，如图3-18所示。

图3-18　快捷菜单筛选

（4）实例操作：筛选出及格成绩。

① 选择计算机应用基础表格的"期末成绩"列，在该列任意单元格上单击鼠标右键，在弹出的列表中选择"筛选"选项，在子列表中选择"按所选单元格的值筛选"，如图3-19所示。

② 单击"数字筛选"选项中的"大于或等于"，如图3-20所示，弹出"自定义自动筛选方式"对话框。在"期末成绩"下方的下拉列表中分别选择"大于或等于"和"60"，单击"确定"按钮，如图3-21所示，即可筛选出所需及格数据，如图3-22所示，保留了及格人数，删除了不及格的"金怡宁"。

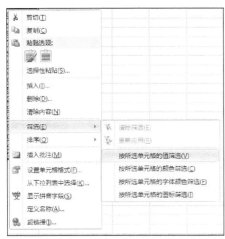

图 3-19 单击“按所选单元格的值筛选”选项

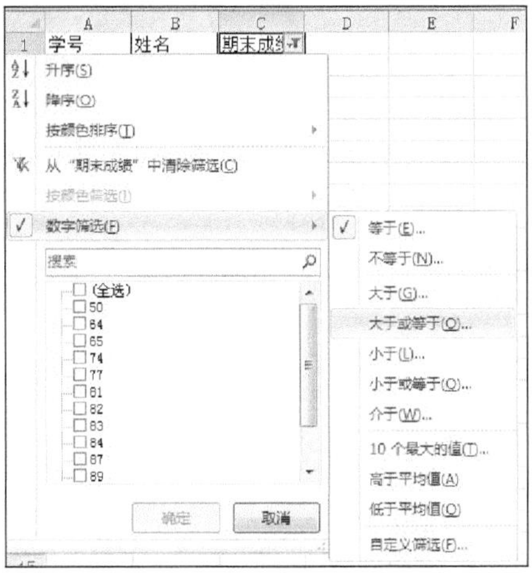

图 3-20 单击“大于或等于”选项

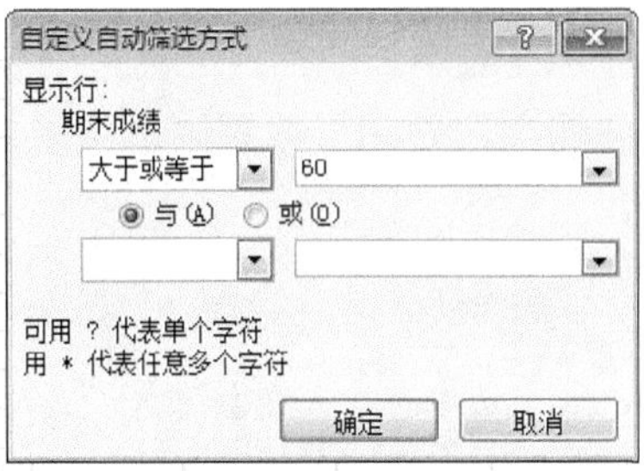

图 3-21 自定义自动筛选方式

	A	B	C
1	学号	姓名	期末成绩
2	15401	白超	95
3	15402	常皓	64
4	15403	陈阿康	81
5	15404	陈新艳	87
6	15405	丁天杨	90
7	15406	丁晓利	74
8	15407	丁鑫	89
9	15408	段方园	87
10	15409	耿梦婷	84
11	15410	皇仙凤	84
12	15411	贾昊鑫	83
14	15413	酒晓毅	65
15	15414	李欢	82
16	15415	刘竞	89
17	15416	刘军旗	84
18	15417	刘世龙	89
19	15418	娄昌皓	90
20	15419	申卫鑫	84
21	15420	王菲	77

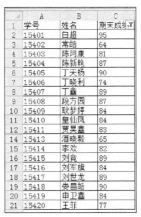

图 3-22 最终效果

③ 选择 C 列，单击“开始”→“编辑”→“排序和筛选”→“筛选”命令，在“期末成绩”单元格旁边会出现黑色三角图标，如图 3-23 所示。单击图标会出现筛选方式。

（5）选择职工工资表中的“9 月份”表格“职称”列，在该列任意单元格上单击鼠标右键，在弹出的列表中选择“筛选”→“按所选单元格的值筛选”命令，单击“文本筛选”→“自定义筛选”命令，如图 3-24 所示，弹出“自定义自动筛选方式”对话框。在子列表中选择“职称”选项，并选择值“副教授”，单击“确定”按钮，即可筛选出所需数据，如图 3-25 所示。

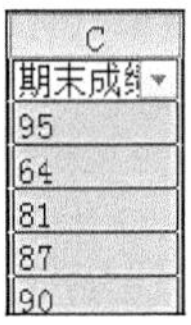

图 3-23 筛选方式按钮

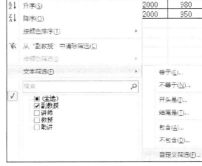

图 3-24 自定义筛选

9月份职工工资表						
序号	姓名	职称	基本工资	课时津贴	应扣社保	实发工资
8	杨小格	副教授	2000	1100	80	3020
6	李楠	副教授	2000	980	80	2900
2	孙华	副教授	2000	950	80	2870

图 3-25　筛选出副教授

（6）还可以按照单元格的颜色进行筛选，按照单元格字体的颜色进行筛选，按照单元格的图标进行筛选。

2．高级筛选

如果要求筛选的数据有多个条件，而且这多个条件之间是"或"的关系，或者说筛选的结果需要放置到别的位置，那就要考虑用高级筛选了。

（1）如果要把职工工资表中"9 月份"表格的"职称""课时津贴""实发工资"三个字段名作为筛选条件，而且筛选出的数据要复制到数据表下方的其他空白单元格处。

① 实例。在其他空白单元格区域下输入筛选条件，筛选条件在同行表示"与"的关系，在不同行表示"或"的关系，如图 3-26 所示。

② 选择据源，单击"数据"→"排序和筛选"→"高级"命令，弹出"高级筛选"对话框，如图 3-27 所示。在"条件区域"中用鼠标拖选出刚刚输入的筛选条件区域。

③ 筛选结果可以显示在原数据区域中，也可以显示在表中其他指定位置。在本例中选择"将筛选结果复制到其他位置"，然后用鼠标拖选后面的空白处用于放置筛选结果，最终效果如图 3-28 所示。

图 3-26　筛选条件

图 3-27　"高级筛选"对话框

序号	姓名	职称	基本工资	课时津贴	应扣社保	实发工资
1	张红丽	教授	3000	1000	100	3900
2	孙华	副教授	2000	950	80	2870
3	张奇	讲师	1800	850	60	2590
4	王永红	教授	3000	1200	100	4100
6	李楠	副教授	2000	980	80	2900
8	杨小格	副教授	2000	1100	80	3020
9	赵明	讲师	1800	1200	60	2940
10	吴江	讲师	1800	1050	60	2790

图 3-28　最终效果

（2）举例筛选出计算机应用基础成绩单中优秀的成绩名单和良好的成绩名单。

① 设定条件。">80"为优秀，">70 为良好"如图 3-29 所示。

期末成绩	期末成绩
>80	>70

图 3-29　条件筛选

② 单击“数据”→“排序和筛选”→“高级”命令，弹出“高级筛选”对话框，如图 3-30 所示。在“条件区域”中用鼠标拖选出刚刚输入的筛选条件区域。

③ 筛选结果可以显示在原数据区域中，也可以显示在表中其他指定位置。在本例中选择“将筛选结果复制到其他位置”，然后用鼠标拖选后面的空白处用于放置筛选结果，最终效果如图 3-31 所示。

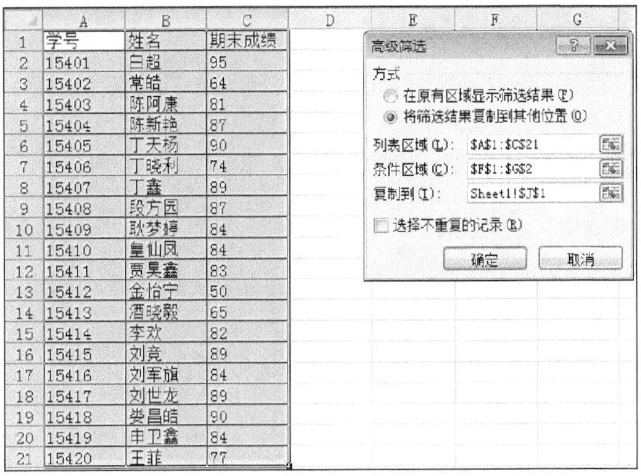

图 3-30 “高级筛选”对话框

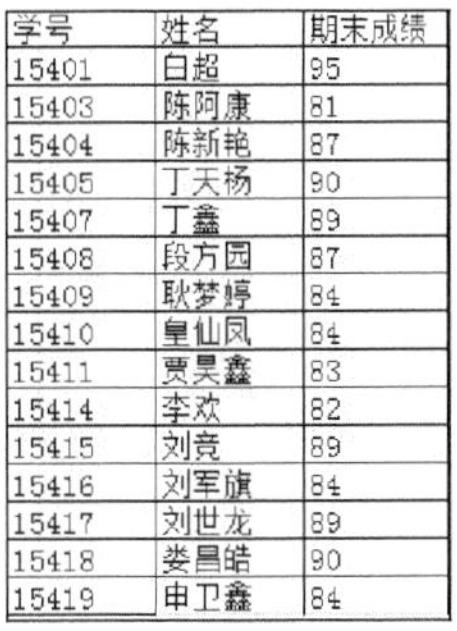

学号	姓名	期末成绩
15401	白超	95
15403	陈阿康	81
15404	陈新艳	87
15405	丁天杨	90
15407	丁鑫	89
15408	段方园	87
15409	耿梦婷	84
15410	皇仙凤	84
15411	贾昊鑫	83
15414	李欢	82
15415	刘竟	89
15416	刘军旗	84
15417	刘世龙	89
15418	娄昌皓	90
15419	申卫鑫	84

图 3-31 筛选最终结果

（三）数据的查找和选择

1．查找数据

在一个多工作表的文件中查找数据的时候，我们怎样快速查找到相应的数据呢？可以使用“开始”→“编辑”→“查找和选择”命令，如图 3-32 所示。

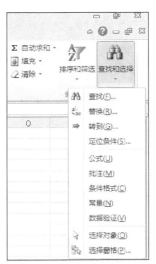

图 3-32 查找和选择命令

（1）例如，一个 Excel 工作簿当中有多个 Excel 工作表且每个 Excel 工作表中都输入了一些数据。假设我们需要查找吴江 9 月份的工资情况，首先打开需要编辑的 Excel 文件，如图 3-33 所示。

（2）单击“开始”→“编辑”→“查找和选择”→“查找”命令，出现“查找和替换”对话框，选择"查找"选项卡，输入"吴江"，如图 3-34 所示。

（3）在"查找和替换"对话框的右侧单击"选项"按钮，在"范围"下拉列表中选择工作表，就可以查到想要的数据了。

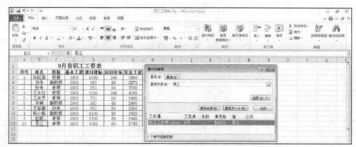

图 3-33　打开文件

图 3-34　"查找和替换"对话框

 小贴士

✓　按"Ctrl+F"组合键，打开"查找与替换窗口"，输入你想要查找的内容，单击"查找全部"按钮，此时窗口下方弹出查找结果，单击第一个结果，按"Shift+End"组合键，此时已选中所有查找到的数据。

2．数据的替换

单击"开始"→"编辑"→"查找和选择"→"替换"命令，出现"查找和替换"对话框，选择"替换"选项卡，如图 3-35 所示，将查找的内容进行替换。

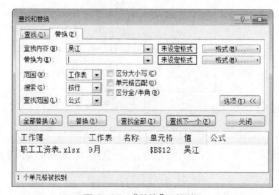

图 3-35　"替换"对话框

3．单元格的定位

在复制单元格时，我们可以选择复制所有单元格或可见的单元格，因为工作表中可能会存在一些未显示的单元格、行或列等，在这种情况下就可以有选择性地复制。也许大家早已发现，就是在执行复制粘贴时一些隐藏的单元格也被复制了，默认情况下确实如此。有没有一种可以只复制可见单元格的方法呢？经 Excel 中定位功能查找可见单元格的功能，可以轻松实现复制可见单元格。

（1）单击"开始"→"编辑"→"查找和选择"→"定位条件"命令，如图 3-36 所示。

（2）单击"选择→"可见单元格"命令，然后单击"确定"按钮。

（3）在"开始"选项卡上的"剪贴板"组中，单击"复制"按钮。

图 3-36 "定位条件"对话框

 小贴士

✓ Excel 会将复制的数据粘贴到连续的行或列中。如果粘贴区域包含隐藏的行或列，则可能需要对粘贴区域取消隐藏，才能看到复制的所有单元格。如果单击"粘贴"下的箭头，则可以选择多种粘贴选项来应用于所选单元格。

4．查找已有的批注

在 Excel 表格中查找已有的批注，一两个很容易找得到，如果有很多个批注，该如何处理，尤其是烦乱的表格尤为明显。

单击"开始"→"编辑"→"查找和选择"→"转到"命令，进入对话框。选择左下角的"定位条件"。选定"批注"，然后单击"确定"按钮。此时看 Excel 表格，表示得很清楚，行和列都表示清楚了，而且批注的栏目也变成灰色了。

（四）单元格数据的简单计算

Excel 可以储存并计算一些公式，下面来介绍一下简单的数据计算。

1．四则运算符号（加法+，减法-，乘法*，除法 /）

（1）加法。计算 3+4，在电子表格中计算，单击（即激活）E1 单元格，输入"=3+4"然后按回车键（即 Enter 键），即得得数为 7。注意记住一定要输入等号（＝），否则就会出错。也可以用公式法在 E1 单元格输入"=A1+B1"

视频：单元格数据的简单计算

后按回车键，即得所求 7。

（2）减法。计算 5－3，单击单元格 D1，输入"=5－3"，按回车键即得得数 2，也可以用公式法在 D1 单元格输入"=C1－A1"后按回车键即得所求 2。记住一定要输入等号（＝），否则会出错。

（3）乘法。单击 Excel 电子表格中任意空白单元格，输入"=3*4"后按回车键即得积 12。也可以用公式法在该单元格输入"=A1*B1"后按回车键即得所求积为 12。

（4）除法。单击 Excel 电子表格中任意空白单元格，输入"=27/3"后按回车键即得商为 9。也可以用公式法在该单元格输入"=B2/A1"后按回车键即得所求商为 9。

2．乘幂符号^（键盘上有此符号）

例如，□^2 表示某数平方，□^3 表示某数立方，□^4 表示某数 4 次方，其余类推。（其中 □ 表示某数）。

（1）分别计算 3^2，4^3，5^4。单击任意空白单元格，输入"=3^2"，按回车键，即得 3 的平方为 9。

（2）单击任意空白单元格，输入"=4^3"按回车键，即得 4 的立方为 64。单击任意空白单元格，输入"=5^4"按回车键，即得 5 的 4 次方为 625。

（3）也可以用公式法分别在单元格输入"=A1^2"，"=B1^3"，"=C1^4"按回车键后得到以上相同结果。

3．综合计算题

计算 $(3^2+4^2+5^2)\div(5-3)$，先计算 $3^2+4^2+5^2$ 的平方和，单击空白单元格，输入"=3^2+4^2+5^2"按回车键即得 50，再计算 5－3，在空白单元格输入"=5－3"按回车键 2，然后用 50 除以 2，即在一个空白单元格输入"=50/2"，即得所求 25。

4．以职工工资表为例

（1）打开职工工资表，首先求第一位员工张红丽的工资总和。插入一列"应发工资"，再选中填写总和的单元格 G3，单击"公式"→"自动求和"命令，拖动要求和的数值，然后按 Enter 键，这时所得结果就显示在"应发工资"这一栏的单元格里，如图 3-37 所示。

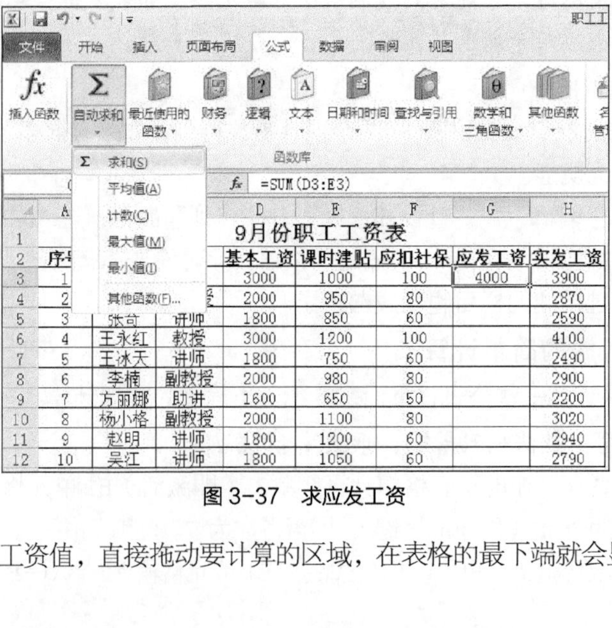

图 3-37 求应发工资

（2）为求出其他工资值，直接拖动要计算的区域，在表格的最下端就会显示总和，如图 3-38 所示。

	A	B	C	D	E	F	G	H
1				9月份职工工资表				
2	序号	姓名	职称	基本工资	课时津贴	应扣社保	应发工资	实发工资
3	1	张红丽	教授	3000	1000	100	4000	3900
4	2	孙华	副教授	2000	950	80	2950	2870
5	3	张奇	讲师	1800	850	60	2650	2590
6	4	王永红	教授	3000	1200	100	4200	4100
7	5	王冰天	讲师	1800	750	60	2550	2490
8	6	李楠	副教授	2000	980	80	2980	2900
9	7	方丽娜	助讲	1600	650	50	2250	2200
10	8	杨小格	副教授	2000	1100	80	3100	3020
11	9	赵明	讲师	1800	1200	60	3000	2940
12	10	吴江	讲师	1800	1050	60	2850	2790

图 3-38 求出所有"应发工资"的值

（3）减法的计算。比如我们计算"实发工资"，就是"应发工资"－"应扣社保"。

先选中 H3 单元格，输入"="，选中 G3，在单元格里输入"－"，再选中 F3，然后按 Enter 键，结果就出来了，如图 3-39 所示。

H3			f_x	=G3-F3			
	A	B	C	D	E	F	G	H
1				9月份职工工资表				
2	序号	姓名	职称	基本工资	课时津贴	应扣社保	应发工资	实发工资
3	1	张红丽	教授	3000	1000	100	4000	3900

图 3-39 减法的计算公式

（4）乘法及除法的计算。求"应扣社保"占"应发工资"的比例。插入一列"社保比例%"，并设置单元格格式为不保留小数位数，如图 3-40 所示。在 I3 单元格输入"=G3/F3*100"，如图 3-41 所示。最终效果如图 3-42 所示。

图 3-40 设置单元格格式不保留小数

SUM			f_x	=G3/F3*100					
	A	B	C	D	E	F	G	H	I
1				9月份职工工资表					
2	序号	姓名	职称	基本工资	课时津贴	应发工资	应扣社保	实发工资	社保比例%
3	1	张红丽	教授	3000	1000	4000	100	3900	=G3/F3*100
4	2	孙华	副教授	2000	950	2950	80	2870	
5	3	张奇	讲师	1800	850	2650	60	2590	
6	4	王永红	教授	3000	1200	4200	100	4100	
7	5	王冰天	讲师	1800	750	2550	60	2490	
8	6	李楠	副教授	2000	980	2980	80	2900	
9	7	方丽娜	助讲	1600	650	2250	50	2200	
10	8	杨小格	副教授	2000	1100	3100	80	3020	
11	9	赵明	讲师	1800	1200	3000	60	2940	
12	10	吴江	讲师	1800	1050	2850	60	2790	

图 3-41 乘法及除法的计算公式

序号	姓名	职称	基本工资	课时津贴	应发工资	应扣社保	实发工资	社保比例（%）
					9月份职工工资表			
1	张红丽	教授	3000	1000	4000	100	3900	3
2	孙华	副教授	2000	950	2950	80	2870	3
3	张奇	讲师	1800	850	2650	60	2590	2
4	王永红	教授	3000	1200	4200	100	4100	2
5	王冰天	讲师	1800	750	2550	60	2490	2
6	李楠	副教授	2000	980	2980	80	2900	3
7	方丽娜	助讲	1600	650	2250	50	2200	2
8	杨小格	副教授	2000	1100	3100	80	3020	3
9	赵明	讲师	1800	1200	3000	60	2940	2
10	吴江	讲师	1800	1050	2850	60	2790	2

图 3-42　求得社保比例的最终结果

（五）单元格的填充及清除

1．单元格的填充

将模式扩展到一个或多个相邻的单元格。可以在任何方向填充单元格，并可将单元格填充到任意范围的单元格。单击"开始"→"编辑"→"填充"命令，如图 3-43 所示。

图 3-43　单元格的填充

所有选择的单元格都填充相同内容的话，首个单元格已经有内容了，想让首个单元格内的内容填充到所有选择区域，方法为①选择需要填充的单元格；②按"Ctrl+D"（向下填充）和"Ctrl+R"（向右填充）组合键。

2．单元格的清除

我们在使用表格时，可能对某个单元格设置了多种格式，但如果不再需要这些格式时，如何快速删除呢？首先选中要删除内容格式的单元格，在"开始"菜单的"编辑"项中单击"全部清除"按钮，这样就可以将单元格中的所有内容及格式设置清除。既删除单元格所有内容，或者有选择的删除单元格的格式内容和批注。单击"开始"→"编辑"→"清除"命令，如图 3-44 所示。

图 3-44　单元格的清除

 小贴士

✓　删除批注的其他方法。

单击"开始→查找和选择→定位条件"命令（或按 F5 键），弹出"定位条件"对话框，在"定位条件"对话框中选择"批注"，单击"确定"按钮。这样就可以一次选定所有带批注的单元格。还可以按"Ctrl+Shift+O"组合键，直接选择工作表中所有带批注的单元格。或在选择的单元格中单击鼠标右键，在弹出的菜单中选择"删除批注"命令。

五、任务实施

STEP 1 打开"计算机应用基础（下册）/项目素材/项目 3/素材文件"目录下的"计算机基础"工作簿。

STEP 2 先选择目标单元格区域即 C 列，然后单击"开始"→"编辑"→"排序和筛选"命令，在弹出的列表中选择"降序"，就可以把计算机基础成绩数据表格按照成绩从高到底排序。

STEP 3 在最右侧添加一列"名次"从"1"至"20"，把名次输入完整，如图 3-45 所示。

	A	B	C	D
1	学号	姓名	期末成绩	名次
2	15401	白超	95	1
3	15405	丁天扬	90	2
4	15418	娄昌皓	90	3
5	15407	丁鑫	89	4
6	15415	刘竞	89	5
7	15417	刘世龙	89	6
8	15404	陈新艳	87	7
9	15408	段方圆	87	8
10	15409	耿梦婷	84	9
11	15410	皇仙凤	84	10
12	15416	刘军旗	84	11
13	15419	申卫鑫	84	12
14	15411	贾昊鑫	83	13
15	15414	李欢	82	14
16	15403	陈阿康	81	15
17	15420	王菲	77	16
18	15406	丁晓利	74	17
19	15413	酒晓毅	65	18
20	15402	蒿皓	64	19
21	15412	金怡宁	50	20

图 3-45

STEP 4 将"Sheet1"表格内容复制到"Sheet2"，并把"Sheet1"工作表名称命名为"名次表"。

STEP 5 在"Sheet2"中，筛选出不及格的学生成绩及 90 分以上的学生成绩，条件为"期末成绩<60"，"期末成绩>90"，如图 3-46 所示。

STEP 6 单击"数据"→"排序和筛选"→"高级"命令，弹出"高级筛选"对话框，如图 3-47 所示。在"条件区域"中用鼠标拖选出刚刚输入的筛选条件区域。

F	G
期末成绩	期末成绩
<60	
	>90

图 3-46

图 3-47

STEP 7 选择"将筛选结果复制到其他位置"，然后用鼠标拖选后面的空白处用于放置筛选结果，最终效果如图 3-48 所示。

学号	姓名	期末成绩	名次
15401	白超	95	1
15412	金怡宁	50	20

图 3-48

STEP 8 计算出不及格率。在成绩单最下方插入一行，输入"不及格人数"，数量为"1"，单元格合并居中，如图 3-49 所示。

STEP 9 在"不及格人数"下方插入一行，输入"不及格率%"，合并居中。公式计算步骤为"=C22/20*100"，如图 3-50 所示。

15406	丁晓利	74	17
15413	酒晓毅	65	18
15402	常皓	64	19
15412	金怡宁	50	20
不及格人数			1

图 3-49

SUM	▼	× ✓ fx	=C22/20*100
	A	B	C	D
1	学号	姓名	期末成绩	名次
2	15401	白超	95	1

图 3-50

STEP 10 保存工作簿，如图 3-51 所示。

	A	B	C	D	E	F	G	H	I
1	学号	姓名	期末成绩	名次		期末成绩	期末成绩		
2	15401	白超	95	1		<60			
3	15405	丁天杨	90	2			>90		
4	15418	栾昌喆	90	3					
5	15407	丁鑫	89	4		学号	姓名	期末成绩	名次
6	15415	刘寅	89	5		15401	白超	95	1
7	15417	刘世龙	89	6		15412	金怡宁	50	20
8	15404	陈新铂	87	7					
9	15408	段方圆	87	8					
10	15409	耿梦婷	84	9					
11	15410	皇仙凤	84	10					
12	15416	刘军旗	84	11					
13	15419	申卫鑫	84	12					
14	15411	贾昊鑫	83	13					
15	15414	李欢	82	14					
16	15403	陈阿康	81	15					
17	15420	王菲	77	16					
18	15406	丁晓利	74	17					
19	15413	酒晓毅	65	18					
20	15402	常皓	64	19					
21	15412	金怡宁	50	20					
22	不及格人数			1					
23	不及格率%			5					

图 3-51

牛刀小试

打开"计算机应用基础（下册）/项目素材/项目 3/素材文件"目录下的"职工工资表"工作簿，按照下列要求完成，最终效果如"计算机应用基础（下册）/项目素材/项目 3/效果文件"目录下的"职工工资表完成稿"工作簿所示。

要求如下。

打开"职工工资表"工作簿，然后按要求排序筛选。

（1）在"9 月份"工作表中"应扣社保"前插入一列"应发工资"，算出应发的金额。

（2）求"应扣社保"占"应发工资"的比例。在数据最右侧插入一列"社保比例%"，并设置单元格格式为不保留小数位数。

（3）对刚建立好的职工工资表的"9 月份"表格数据单元格 D 列按"升序"方式排序。

（4）打开职工工资表"10 月份"，在"数据"选项卡下的"排序和筛选"组中单击"排序"按钮，弹出"排序"对话框。在"主要关键字"下拉列表中选择"职称"，在"次序"下拉列表中选择按"升序"方式排序；然后设置次要关键字，单击"添加条件"按钮，出现"次要关键字"选项，在下拉列表中选择"课时津贴"，并选择"降序"方式排序。

（5）把职工工资表"10 月份"表格的课时津贴、实发工资 2 个字段名作为筛选条件，而且筛选出的数据要复制到数据表下方的其他空白单元格处。筛选条件为"课时津贴">800，且"实发工资">2700。

（6）进行工作表美化，美化形式不限。

（7）保存工作簿，如图 3-52 和图 3-53 所示。

序号	姓名	职称	基本工资	课时津贴	应发工资	应扣社保	实发工资	社保比例（%）
				9月份职工工资表				
2	孙华	副教授	2000	950	2950	80	2870	3
6	李楠	副教授	2000	980	2980	80	2900	3
8	杨小格	副教授	2000	1100	3100	80	3020	3
3	张奇	讲师	1800	850	2650	60	2590	2
5	王冰天	讲师	1800	750	2550	60	2490	2
9	赵明	讲师	1800	1200	3000	60	2940	2
10	吴江	讲师	1800	1050	2850	60	2790	2
1	张红丽	教授	3000	1000	4000	100	3900	3
4	王永红	教授	3000	1200	4200	100	4100	2
7	方丽娜	助讲	1600	650	2250	50	2200	2

图 3-52

序号	姓名	职称	基本工资	课时津贴	应发工资	应扣社保	实发工资		课时津贴	实发工资
				10月份职工工资表						
6	李楠	副教授	2000	1020		80	2940		>800	>2700
2	孙华	副教授	2000	1000		80	2920			
8	杨小格	副教授	2000	950		80	2870			
9	赵明	讲师	1800	980		60	2720			
10	吴江	讲师	1800	960		60	2700			
3	张奇	讲师	1800	930		60	2670			
5	王冰天	讲师	1800	780		60	2520			
4	王永红	教授	3000	1180		100	4080			
1	张红丽	教授	3000	1050		100	3950			
7	方丽娜	助讲	1600	700		50	2250			
序号	姓名	职称	基本工资	课时津贴	应发工资	实发工资				
6	李楠	副教授	2000	1020	80	2940				
2	孙华	副教授	2000	1000	80	2920				
8	杨小格	副教授	2000	950	80	2870				
9	赵明	讲师	1800	980	80	2720				
4	王永红	教授	3000	1180	100	4080				
1	张红丽	教授	3000	1050	100	3950				

图 3-53

任务 2　整理学生成绩表

一、任务描述

期末到来，各门课程陆续考试完毕，教务科发回了每个班的考试成绩，作为新上任的辅导员，想对本班学生的成绩进行数据统计比对，以便能更好地核算出学生成绩的整体分布情况。

二、任务分析

根据上一任务所学知识点，结合 Excel 数据统计方法，完成学生成绩汇总表，要求学生成绩数值准确，条理清晰。

三、任务目标

- 对数据表进行分列
- 删除数据表中的重复项
- 设置数据的有效性
- 对数据进行合并计算
- 对数据进行分类汇总

四、知识链接

"数据"选项卡下方有数据选项组，分别为分列、删除重复项、数据有效性、合并计算。"分级显示"选项组里有分类汇总。

视频：对数据表
进行分列

（一）对数据表进行分列

在 Excel 应用过程中，通常需要将一组数据按照某个方式分成多列，以便查看效果。如果进行手工拆分，既费时费力又容易出错，如果用软件自身的拆分工具进行拆分，则既工整又迅速地在单元格中显示。

（1）选中需要分列的列，单击"数据"→"数据工具"→"分列"，然后在对话框中选择分隔符号，分隔符号根据情况选择，或者自定，最后单击"完成"按钮后，原有的列就会按要求分成两列。

（2）举例。如图3-54所示，Excel"成绩表"中是关于学生成绩的数据，那么如果我们想把姓名、班级数据分成两列数据，该如何做呢？

① 首先在C列前面添加一列，如图3-54所示。

	A	B	C	D
1	学号	姓名		总成绩
2	140001	白旭东-2班		60
3	140002	曹浩然-3班		60
4	140003	程萧萧-1班		80
5	140004	董文丽-1班		83
6	140005	杜宇豪-2班		80
7	140006	冯一帆-3班		80
8	140007	付菁-2班		73
9	140008	郭亚杰-3班		60
10	140009	哭胜娜-1班		60
11	140010	侯鹏飞-3班		70
12	140011	侯向阳-1班		68
13	140012	胡玉-2班		83
14	140013	酒祥祥-3班		84
15	140014	李红刚-2班		85
16	140015	李乐-1班		83
17	140016	李明月-3班		82
18	140017	凌帅磊-3班		65
19	140018	刘钦钦-2班		60
20	140019	刘一乐-1班		60
21	140020	马晓-1班		76

图3-54

② 单击该列数据的最上边，将该列数据称为焦点事件，表示下面的操作是对该列数据进行的。然后在菜单中找到"数据"，单击它，出现关于数据的菜单，如图3-55所示。

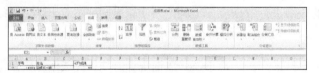

图3-55

③ 仔细查看数据菜单，我们可以看到"分列"按钮，单击它，就会出现分列操作页（见图3-56）。

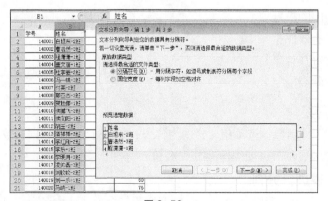

图3-56

④ 单击"下一步"按钮后就出现了分列需求的操作页面，这里是我们根据各种符号进行分列的操作页面。我们在"其他"选项前勾选，如图 3-57 所示，然后在勾选后的输入框内填入"-"，神奇的效果出现了：数据以"-"为标志进行了分列操作。

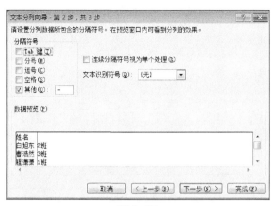

图 3-57

⑤ 设置文本分列向导，如图 3-58 所示。

图 3-58

⑥ 最后单击"完成"按钮，出现提示"是否替换目标单元格内容"，单击"确定"按钮就可以完成数据的分列，如图 3-59 和图 3-60 所示。

图 3-59

	A	B	C	D
1	学号	姓名	班级	期末成绩
2	140001	白旭东	2班	60
3	140002	曹浩然	3班	60
4	140003	程潇潇	1班	80
5	140004	董文丽	1班	83
6	140005	杜宇豪	2班	80
7	140006	马一帆	3班	80
8	140007	付亮	2班	73
9	140008	郭亚杰	3班	60
10	140009	贺胜娜	1班	80
11	140010	侯娜飞	3班	70
12	140011	侯向阳	1班	68
13	140012	胡玉	2班	83
14	140013	酒祥祥	3班	84
15	140014	李红刚	2班	85
16	140015	李乐	1班	83
17	140016	李明月	3班	62
18	140017	凌帅磊	3班	65
19	140018	刘欣钦	2班	80
20	140019	刘一乐	1班	80
21	140020	马壮	1班	76

图 3-60

（二）删除数据表中的重复项

办公软件统计中，同一品牌编号数据容易出现重复值，为方便下一步统计筛选，需要删除这些重复数值，数量少可以直接单击"删除"命令，可如果有几万条数据，就不那么容易了，这时就需要借助到公式。

图 3-61　"三国志"

（1）启动 Excel，打开要进行处理的工作表，或者自己建立一个。下面以"三国志"为例来进行演示，如图 3-61 所示。

（2）选中整个表格数据区域，单击"数据"→"数据工具"→"删除重复项"命令，弹出"删除重复项"对话框，勾选"数据包含标题"，这样删除的范围就不包括标题，而且下面的方框内可以看到标题名称而不是列 A、列 B 一类。选择筛选规则，单击"确定"按钮，如图 3-62 和图 3-63 所示。

图 3-62　删除重复项

图 3-63　选择重复的列

（3）本例是按照兵科以及战法进行删除的，很明显黄盖跟黄忠必有一个需要被删除，默认的是先删除排在下面的那一个（见图 3-64），处理结果如图 3-65 所示。

图 3-64

图 3-65　最终效果

（4）如果按"国家"进行删除，每一个国家只保留一个，默认的是前面序列的内容，结果如图 3-66 所示。

图 3-66　按国家删除重复项

（三）设置数据的有效性

对于大量数据需要输入时，有时难免会出错，那么我们可以把一部分检查工作交给计算机来处理，这就需要提前对单元格数据的有效性进行设置。

（1）如对目标单元格 B2:B8 设置有效性，要求单元格的值在 0 至 100 之间。

首先选择目标单元格 B2:B8，单击"数据"→"数据工具"→"数据有效性"命令，在弹出的菜单中选择"数据有效性"，打开"数据有效性"对话框，如图 3-67 所示。

视频：设置数据
的有效性

图 3-67　数据有效性命令

（2）在"数据有效性"对话框中，在"设置"选项卡下单击"允许"的下拉菜单，从中选择"整数"。

（3）单击"数据"的下拉菜单，从中选择"介于"。在"最小值"文本框中输入最小值 0，在"最大值"文本框中输入最大值 100。单击"确定"按钮，在单元格中显示效果，如图 3-68 所示。

图 3-68　"数据有效性"对话框

（4）举例设置"性别

① 我们设置一下性别，可以不用输入数据，直接单击选择"男"或者"女"，怎么操作呢？选择"性别"一列中的单元格，然后单击"数据"→"数据工具"→"数据有效性"命令。

② 在"数据有效性"对话框中设置"有效性条件"为"序列"，然后来源中输入"男,女"中间用英文下的逗号分开，如图 3-69 所示。

③ 现在不需要输入男女了，只需要用鼠标选择即可。这样可以节省我们输入的时间，如图 3-70 所示。

项目 3　数据管理与分析

图 3-69 "数据有效性"对话框

图 3-70 设置结果

（5）数据有效性还可以怎么设置呢？比如身份证号通常为 18 位，我们首先设置身份证号位置的单元格格式为文本，因为超过 11 位的数字会用科学记数法来表示。

① 我们可以设置身份证单元格中的数据有效性。设置数据的有效性条件为文本长度，数据长度设为 18，如图 3-71 所示。

图 3-71

② 这样可以有效防止我们输入身份证号时多输入一位或者少输入一位，可以有效提高输入的正确性，如果输入错误会有提醒，如图 3-72 所示。

图 3-72 错误提醒

（四）对数据进行合并计算

合并计算其实就是把多张工作表中的相同数据区域中的数据进行组合计算。

视频：合并计算

若要汇总和报告多个单独工作表中数据的结果，可以将每个单独工作表中的数据合并到一个工作表（或主工作表）中。所合并的工作表可以与主工作表位于同一工作簿中，也可以位于其他工作簿中。合并计算的方法如下。

（1）以三个库的库存表为例，每个仓库库存型号和数量都不一样，其中有重合，现在如何计算出汇总库存量？

① 首先打开"产品库"工作簿，在这三张库存表后新建一个工作表，命名为汇总，用鼠标选中该工作表的 A1 单元格，然后单击"数据"→"数据工具"→"合并计算"命令，如图 3-73 和图 3-74 所示。

图 3-73　新建工作表

图 3-74　"合并计算"命令

② 跳出界面以后，函数用求和，在引用位置下方的长框内单击。再将库 1 的数据都选中，如图 3-75 所示。单击"合并计算"对话框中的"添加"按钮。按照同样的方法，将库 2 和库 3 的数据都添加上，如图 3-75 所示。再勾选"首行"和"最左列"，单击"确定"按钮，如图 3-76 所示。

图 3-75　"合并计算"对话框

③ 其中将三个表的数据都添加进去，表示我们要把这三个表的数据进行合并计算，计算公式就是前面选择的求和，图 3-77 所示为最终结果。

图 3-76　添加引用位置

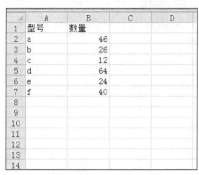

图 3-77　最终结果

 小贴士

✓　首行和最左列表示我们要按照首行的型号、数量以及最左列的产品型号作为标签分类合并计算它的数量。

（2）要进行合并计算的每个区域都必须分别置于单独的工作表中，不能将任何区域放在需要放置合并的工作表中。

①　打开职工工资表的"9月份"表格，先把需要合并计算的"姓名"和"课时津贴"两列复制到一个新的区域I2:J12，如图3-78所示，再把"10月份"表要合并计算的"姓名"和"课时津贴"两列复制到一个新的区域J2:K12，如图3-79所示，然后新建一个新的工作表"a"，在"a"表中选定用于存放结果数据的单元格，如A1，如图3-80所示。

	B	C	D	E	F	G	H	I	J
1			9月份职工工资表						
2	姓名	职称	基本工资	课时津贴	应扣社保	实发工资		姓名	课时津贴
3	张红丽	教授	3000	1000	100	3900		张红丽	1000
4	孙华	副教授	2000	950	80	2870		孙华	950
5	张奇	讲师	1800	850	60	2590		张奇	850
6	王永红	教授	3000	1200	100	4100		王永红	1200
7	王冰天	讲师	1800	750	60	2490		王冰天	750
8	李楠	副教授	2000	980	80	2900		李楠	980
9	方丽娜	助讲	1600	650	50	2200		方丽娜	650
10	杨小格	副教授	2000	1100	80	3020		杨小格	1100
11	赵明	讲师	1800	1200	60	2940		赵明	1200
12	吴江	讲师	1800	1050	60	2790		吴江	1050

图 3-78

	A	B	C	D	E	F	G	H	I	J	K
1				10月份职工工资表							
2	序号	姓名	职称	基本工资	课时津贴	应扣社保	实发工资			姓名	课时津贴
3	1	张红丽	教授	3000	1050	100	3950			张红丽	1050
4	2	孙华	副教授	2000	1000	80	2920			孙华	1000
5	3	张奇	讲师	1800	930	60	2670			张奇	930
6	4	王永红	教授	3000	1180	100	4080			王永红	1180
7	5	王冰天	讲师	1800	780	60	2520			王冰天	780
8	6	李楠	副教授	2000	1020	80	2940			李楠	1020
9	7	方丽娜	助讲	1600	700	50	2250			方丽娜	700
10	8	杨小格	副教授	2000	950	80	2870			杨小格	950
11	9	赵明	讲师	1800	980	60	2720			赵明	980
12	10	吴江	讲师	1800	960	60	2700			吴江	960

图 3-79

图 3-80

②　单击"数据"→"数据工具"→"合并计算"命令，弹出"合并计算"对话框。

③　在对话框中，将函数选择为"平均值"，单击"引用位置"后面的折叠按钮，用鼠标拖选工作表"9月份"的区域H3:I12，除去两字段中字段名的数据区域，选区如图3-81所示。

④ 单击折叠按钮，恢复对话框。然后单击"添加"按钮，将数据区域添加到"所有引用位置"中。再单击"引用位置"后面的折叠按钮，把"10月份"表格中的J2:K12区域选中，单击"确定"按钮，得到合并计算的显示结果，如图3-82所示。

图 3-81　合并计算

图 3-82　显示合并计算结果

（五）对数据进行分类汇总

使用分类汇总，可以在数据清单适当的位置加上统计结果，使数据清单变得清晰易懂。

分类汇总其实就是对数据进行分类统计，也可以称之为分组计算。分类汇总可以使数据变得清晰易懂。分类汇总建立在已排序的基础上，即在执行分类汇总之前，首先要对分类字段进行排序，把同类数据排列在一起。如果不进行排序，直接进行分类汇总，结果看上去会很凌乱。

视频：分类汇总

（1）以"三国志"为例，对同一国家的人数分类汇总。

① 将数据进行排序。例如将国家相同的人物进行排序。排序的目的是为了将相同国家姓名的数据放在一起，便于进行分类汇总。排序的步骤为单击"数据"→"筛选和排序"→"排序"命令，在弹出的对话框中的"主要关键字"中选择"国家"，如图3-83所示，单击"确定"按钮。

图 3-83　排序

② 单击"数据"→"分级显示"→"分类汇总"命令，在弹出的对话框的"分类字段"中选择"国家"，在"汇总方式"中选择"计数"，在"选定汇总项"中选择"国家"。如图 3-84 所示，单击"确定"按钮即可。

③ 最终效果如图3-85所示。在汇总结果里面，它分别对每个国家的数量进行了计数，还有个总计数据，这样看上去比较直观。

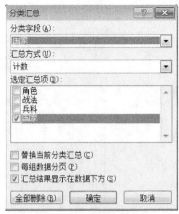

图 3-84 "分类汇总"对话框

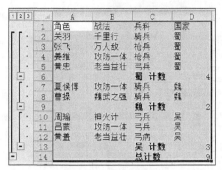

图 3-85 显示结果

 小贴士

✓ 在分类汇总结果的左侧有数字"123",表示分级程度,单击"1"则显示总计数,如图 3-86 所示,单击"2"则显示二级分类结果,如图 3-87 所示,单击"3"则显示全部分类汇总效果。

图 3-86 显示总计数

图 3-87 显示二级分类结果

(2)以"职工工资表"为例,分类汇总出"9 月份"职工不同职称的平均"实发工资"。

① 打开"职工工资表",将数据进行排序。排序的步骤为:单击"数据"→"筛选和排序"→"排序"命令,在弹出的对话框的"主要关键字"中选择"职称",如图 3-88 所示,单击"确定"按钮后效果如图 3-89 所示。

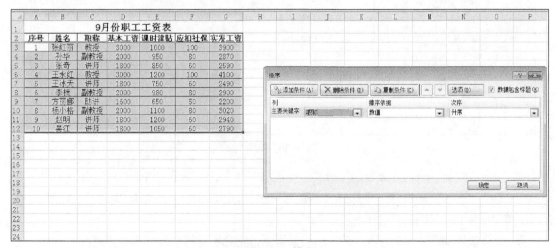

图 3-88 排序

	9月份职工工资表					
	A	B	C	D	E	F	G
1	序号	姓名	职称	基本工资	课时津贴	应扣社保	实发工资
3	7	方丽娜	助讲	1600	650	50	2200
4	5	王冰天	讲师	1800	750	60	2490
5	3	张奇	讲师	1800	850	60	2590
6	10	吴江	讲师	1800	1050	60	2790
7	9	赵明	讲师	1800	1200	60	2940
8	2	孙华	副教授	2000	950	80	2870
9	6	李楠	副教授	2000	980	80	2900
10	8	杨小格	副教授	2000	1100	80	3020
11	1	张红丽	教授	3000	1000	100	3900
12	4	王永红	教授	3000	1200	100	4100

图 3-89　显示排序结果

② 单击"数据"→"分级显示"→"分类汇总"命令，在弹出的对话框的"分类字段"中选择"职称"，在汇总方式里选择"平均值"，在"选定汇总项"里选择"实发工资"。如图 3-90 所示，单击"确定"按钮即可。

图 3-90　"分类汇总"对话框

③ 最终效果如图 3-91 所示，在汇总结果里面，它分别对每个职称的实发工资求平均值，还有总平均值。

	9月份职工工资表					
	A	B	C	D	E	F	G
1	序号	姓名	职称	基本工资	课时津贴	应扣社保	实发工资
3	7	方丽娜	助讲	1600	650	50	2200
4			助讲 平均值				2200
5	5	王冰天	讲师	1800	750	60	2490
6	3	张奇	讲师	1800	850	60	2590
7	10	吴江	讲师	1800	1050	60	2790
8	9	赵明	讲师	1800	1200	60	2940
9			讲师 平均值				2702.5
10	2	孙华	副教授	2000	950	80	2870
11	6	李楠	副教授	2000	980	80	2900
12	8	杨小格	副教授	2000	1100	80	3020
13			副教授 平均值				2930
14	1	张红丽	教授	3000	1000	100	3900
15	4	王永红	教授	3000	1200	100	4100
16			教授 平均值				4000
17			总计平均值				2980

图 3-91　显示分类汇总结果

（3）在使用 Excel 时会输入一些具有类似特性的数据，当数据量特别大时，常常无法在同一个屏幕中看到所有的数据类型，这时我们可以将其按照各自的特性进行分组，然后在需要的时候点开某一个组的数据进行编辑。

① 以"成绩表"为例，首先将"成绩表"按班级的"升序"进行排列，如图 3-92 所示。

② 在每个班组之前插入班级名称，如图 3-93 所示。

③ 选中"1 班"所有人名单，单击"数据"→"分级显示"→"创建组"命令，如图 3-94 所示。弹出对话框如图 3-95 所示。

	A	B	C	D
1	学号	姓名	班级	期末成绩
2	140020	马晓	1班	76
3	140019	刘一乐	1班	60
4	140015	李乐	1班	83
5	140011	侯向阳	1班	68
6	140009	贺胜娜	1班	60
7	140004	董文丽	1班	83
8	140003	程潇潇	1班	80
9	140018	刘钦钦	2班	60
10	140014	李红刚	2班	85
11	140012	胡玉	2班	83
12	140007	付亮	2班	73
13	140005	杜宇豪	2班	80
14	140001	白旭东	2班	60
15	140017	凌帅磊	3班	65
16	140016	李明月	3班	82
17	140013	酒祥祥	3班	84
18	140010	侯鹏飞	3班	70
19	140008	郭亚杰	3班	60
20	140006	冯一帆	3班	80
21	140002	曹洁然	3班	60

图 3-92　按班级排序

	A	B	C	D
1	学号	姓名	班级	期末成绩
2	1班			
3	140020	马晓	1班	76
4	140019	刘一乐	1班	60
5	140015	李乐	1班	83
6	140011	侯向阳	1班	68
7	140009	贺胜娜	1班	60
8	140004	董文丽	1班	83
9	140003	程潇潇	1班	80
10	2班			
11	140018	刘钦钦	2班	60
12	140014	李红刚	2班	85
13	140012	胡玉	2班	83
14	140007	付亮	2班	73
15	140005	杜宇豪	2班	80
16	140001	白旭东	2班	60
17	3班			
18	140017	凌帅磊	3班	65
19	140016	李明月	3班	82
20	140013	酒祥祥	3班	84
21	140010	侯鹏飞	3班	70
22	140008	郭亚杰	3班	60
23	140006	冯一帆	3班	80
24	140002	曹洁然	3班	60

图 3-93　插入班级名称

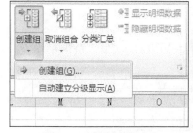

图 3-94　"创建组"命令

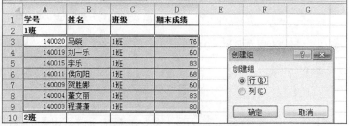

图 3-95　"创建组"对话框

④ 最终得到分组结果，如图 3-96 所示。单击"创建组"之后，在所选数据行的左侧会出现一个黑色的竖线，以及竖线底端会出现一个减号。

⑤ 接下来我们可以依次对"2 班"和"3 班"的数据创建分组。创建好之后，我们可以将所有分组折叠起来，这样显示在我们面前的是三个标题"1 班""2 班""3 班"。当我们需要查看某一个分组中的数据时，只要单击相应的加号即可。通过创建分组，可以使数据表中的数据更简洁直观，如图 3-97 所示。

⑥ 如果想取消分组，只需要将相应的数据选中，然后单击"数据"→"分级显示"→"取消分组"命令即可，如图 3-98 所示。

1 2		A	B	C	D
	1	学号	姓名	班级	期末成绩
	2	**1班**			
·	3	140020	马晓	1班	76
·	4	140019	刘一乐	1班	60
·	5	140015	李乐	1班	83
·	6	140011	侯向阳	1班	68
·	7	140009	贺胜娜	1班	60
·	8	140004	董文丽	1班	83
·	9	140003	程潇潇	1班	80
	10	**2班**			
·	11	140018	刘钦钦	2班	60
·	12	140014	李红刚	2班	85
·	13	140012	胡玉	2班	83
·	14	140007	付亮	2班	73
·	15	140005	杜宇豪	2班	80
·	16	140001	白旭东	2班	60
	17	**3班**			
·	18	140017	凌帅磊	3班	65
·	19	140016	李明月	3班	82
·	20	140013	酒祥祥	3班	84
·	21	140010	侯鹏飞	3班	70
·	22	140008	郭亚杰	3班	60
·	23	140006	冯一帆	3班	80
·	24	140002	曹浩然	3班	60
	25				

图 3-96　显示结果

1 2		A	B	C	D
	1	学号	姓名	班级	期末成绩
	2	**1班**			
·	3	140020	马晓	1班	76
·	4	140019	刘一乐	1班	60
·	5	140015	李乐	1班	83
·	6	140011	侯向阳	1班	68
·	7	140009	贺胜娜	1班	60
·	8	140004	董文丽	1班	83
·	9	140003	程潇潇	1班	80
-	10	**2班**			
+	17	**3班**			
+	25				

图 3-97

图 3-98　取消分组

五、任务实施

STEP 1　打开"计算机应用基础（下册）/项目素材/项目 3/素材文件"目录下的"成绩表"工作簿。

STEP 2　对成绩表中的班级和姓名进行分列。首先在 C 列前面添加一列，单击该列数据的最上边，把该列数据称为焦点事件，表示下面的操作是对该列数据进行的。然后在菜单中找到"数据"，单击它，出现关于数据的菜单。可以看到"分列"按钮，单击它就会出现分列操作页。在"其他选项"前勾选，然后在勾选后的输入框内填入"-"，数据以"-"为标志进行了分列操作，如图 3-99 所示。

STEP 3　在期末成绩中删除重复项，选中整个表格数据区域，单击"数据"→"数据工具"→"删除重复项"命令，弹出"删除重复项"对话框，如图 3-100 所示，勾选"期末成绩"得到的结果如图 3-101 所示。

STEP 4　在分列之后的成绩中添加性别一列，运用数据的有效性。选择性别中的单元格，然后单击"数据"→"数据工具"→"数据有效性"命令。在数据有效性中设置数据的有效性条件为"序列"，然后在"来源"中输入"男,女"，中间用英文下的逗号分开，如图 3-102 所示。

	A 学号	B 姓名	C 班级	D 期末成绩
2	140001	白旭东	2班	60
3	140002	曹浩然	3班	60
4	140003	程潇潇	1班	80
5	140004	董文丽	1班	83
6	140005	杜宇豪	2班	80
7	140006	冯一帆	3班	80
8	140007	付亮	2班	73
9	140008	郭亚杰	3班	60
10	140009	贺胜娜	1班	60
11	140010	侯鹏飞	3班	70
12	140011	侯向阳	1班	68
13	140012	胡玉	2班	83
14	140013	酒祥祥	3班	84
15	140014	李红刚	2班	85
16	140015	李乐	3班	83
17	140016	李明月	3班	82
18	140017	凌帅磊	3班	65
19	140018	刘钦钦	2班	60
20	140019	刘一乐	1班	60
21	140020	马晓	1班	76

图 3-99

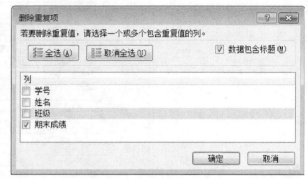

图 3-100

图 3-101

	A 学号	B 姓名	C 性别	D 班级	E 期末成绩
2	140001	白旭东	女	2班	60
3	140002	曹浩然	男	3班	60
4	140003	程潇潇	女	1班	80
5	140004	董文丽	女	1班	83
6	140005	杜宇豪	男	2班	80
7	140006	冯一帆	男	3班	80
8	140007	付亮	男	2班	73
9	140008	郭亚杰	男	3班	60
10	140009	贺胜娜	女	1班	60
11	140010	侯鹏飞	男	3班	70
12	140011	侯向阳	男	1班	68
13	140012	胡玉	女	2班	83
14	140013	酒祥祥	女	3班	84
15	140014	李红刚	男	2班	85
16	140015	李乐	男	1班	83
17	140016	李明月	女	3班	82
18	140017	凌帅磊	男	3班	65
19	140018	刘钦钦	女	2班	60
20	140019	刘一乐	男	1班	60
21	140020	马晓	女	1班	76

C21 | 女

图 3-102

STEP 5 对同一班级期末成绩人数分类汇总。首先将"成绩表"按班级的"升序"进行排列，单击"数据"→"分级显示"→"分类汇总"命令，如图 3-103 和图 3-104 所示。

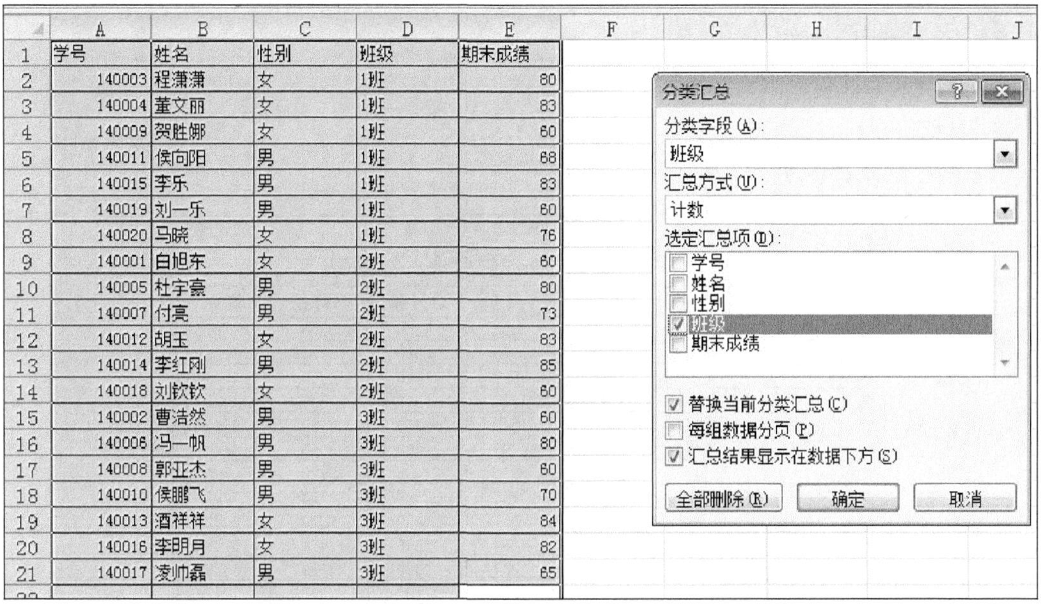

	A	B	C	D	E	F	G	H	I	J
1	学号	姓名	性别	班级	期末成绩					
2	140003	程潇潇	女	1班	80					
3	140004	董文丽	女	1班	83					
4	140009	贺胜娜	女	1班	60					
5	140011	侯向阳	男	1班	68					
6	140015	李乐	男	1班	83					
7	140019	刘一乐	男	1班	60					
8	140020	马晓	女	1班	76					
9	140001	白旭东	女	2班	60					
10	140005	杜宇豪	男	2班	80					
11	140007	付亮	男	2班	73					
12	140012	胡玉	女	2班	83					
13	140014	李红刚	男	2班	85					
14	140018	刘钦钦	女	2班	60					
15	140002	曹浩然	男	3班	60					
16	140006	冯一帆	男	3班	80					
17	140008	郭亚杰	男	3班	60					
18	140010	侯鹏飞	男	3班	70					
19	140013	酒祥祥	女	3班	84					
20	140016	李明月	女	3班	82					
21	140017	凌帅磊	男	3班	65					

分类汇总

分类字段(A)：
班级

汇总方式(U)：
计数

选定汇总项(D)：
☐ 学号
☐ 姓名
☐ 性别
☑ 班级
☐ 期末成绩

☑ 替换当前分类汇总(C)
☐ 每组数据分页(P)
☑ 汇总结果显示在数据下方(S)

全部删除(R)　　确定　　取消

图 3-103

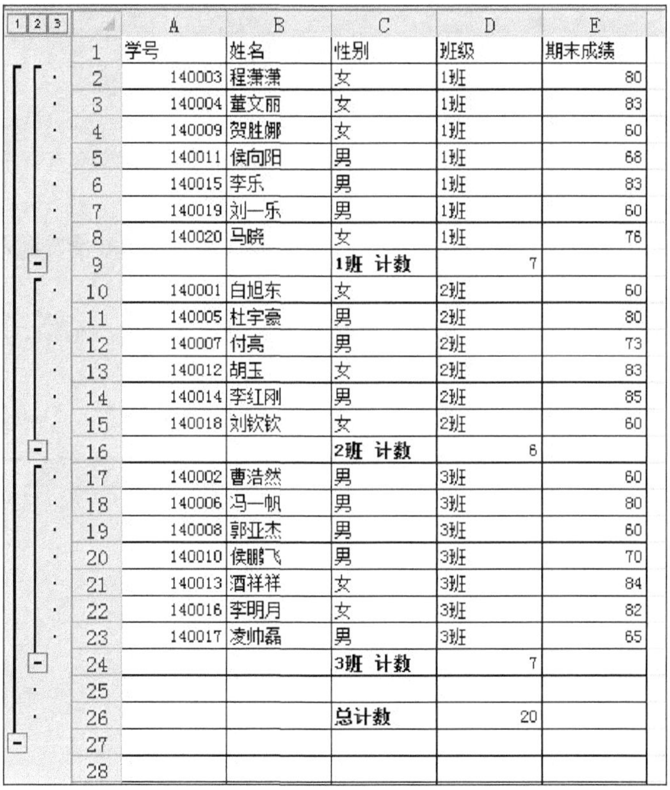

	A	B	C	D	E
1	学号	姓名	性别	班级	期末成绩
2	140003	程潇潇	女	1班	80
3	140004	董文丽	女	1班	83
4	140009	贺胜娜	女	1班	60
5	140011	侯向阳	男	1班	68
6	140015	李乐	男	1班	83
7	140019	刘一乐	男	1班	60
8	140020	马晓	女	1班	76
9				1班 计数	7
10	140001	白旭东	女	2班	60
11	140005	杜宇豪	男	2班	80
12	140007	付亮	男	2班	73
13	140012	胡玉	女	2班	83
14	140014	李红刚	男	2班	85
15	140018	刘钦钦	女	2班	60
16				2班 计数	6
17	140002	曹浩然	男	3班	60
18	140006	冯一帆	男	3班	80
19	140008	郭亚杰	男	3班	60
20	140010	侯鹏飞	男	3班	70
21	140013	酒祥祥	女	3班	84
22	140016	李明月	女	3班	82
23	140017	凌帅磊	男	3班	65
24				3班 计数	7
25					
26				总计数	20
27					
28					

图 3-104

项目 3　数据管理与分析

STEP 6 适当美化工作表，包括字体、字号、边框、底纹、主题等，内容形式不做要求。
STEP 7 保存工作簿。

 牛刀小试

要求如下。

（1）制作数据表作为数据源，如图 3-105 所示。

	A	B	C	D	E	F	G
1				员工一季度收入报表			
2	序号	姓名	部门	1月份	2月份	3月份	汇总
3	1	李品	销售部	2305	2256	3200	7761
4	2	李艳	销售部	1925	2580	3200	7705
5	3	王敏	后勤部	2090	1440	1035	4565
6	4	王文娱	生产部	2630	1860	2595	7085
7	5	周艳	化验部	1545	2330	2170	6045
8	6	赵磊	生产部	2495	1900	2045	6440
9	7	张世玉	生产部	2575	1400	2920	6895
10	8	张玉杰	后勤部	2840	2308	2280	7428
11	9	郭爱华	生产部	2352	1450	1630	5432
12	10	卢智	后勤部	1884	2045	1434	5363
13	11	李森	后勤部	1267	2390	2225	5882
14	12	张为民	生产部	2907	2100	2235	7242
15	13	张静	生产部	2400	2295	2130	6825
16	14	郭小铎	化验部	3280	2750	1350	7380
17							
18							

图 3-105 季度报表

（2）首先创建并输入图 3-105 所示的季度报表。

（3）把季度报表复制后，分别粘贴到"Sheet2""Sheet3""Sheet4"中，并分别命名为"排序""筛选""分类汇总"。

（4）单击选择"排序"工作表，在该表中对季度报表按汇总进行降序排序，当汇总项相同时，再按1月份工资进行升序排序。

（5）单击选择"筛选"工作表，在该表中对季度报表用高级筛选，筛选出汇总金额大于6000的所有记录。

（6）单击选择"分类汇总"工作表，在该表中对季度报表以"部门"为分类字段，对"汇总"求"平均值"。

项目 4 数据的计算

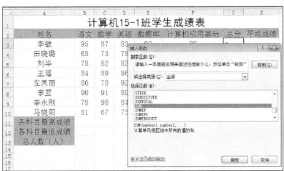

任务 1　制作学生成绩表

一、任务描述

期末到来，各门课程陆续考试完毕，教务科发回了每个班的考试成绩，作为新上任的辅导员，王飞想对本班学生的成绩进行数据统计比对，以便能更好地核算出学生成绩的整体分布情况，如图 4-1 所示。

	A	B	C	D	E	F	G	H
1	计算机15-1班学生成绩表							
2	姓名	语文	数学	英语	数据库	计算机应用基础	总分	平均成绩
3	李敏	95	87	83	93	88	446	148.67
4	田晓璐	68	73	78	82	81	382	127.33
5	刘华	78	82	83	90	73	406	135.33
6	王瑶	84	89	86	96	86	441	147.00
7	左凤丽	80	78	92	80	79	409	136.33
8	李亚	90	91	89	87	93	450	150.00
9	李永刚	78	98	84	65	68	393	131.00
10	马晓阳	81	67	75	79	65	367	122.33
11	各科目最高成绩	95	98	92	96	93		
12	各科目最低成绩	68	67	75	65	65		
13	总人数（人）				8			
14								
15								
16								
17								
18								
19								
20								

学生成绩表 / Sheet2 / Sheet3

图 4-1　学生成绩表

二、任务分析

要对学生的成绩进行统计比对，需要先录入学生各科目成绩，再利用公式进行计算，有些时候用一些函数进行计算会更加方便、准确。

三、任务目标

- 单元格的引用。
- 公式的输入与编辑。
- 常用函数的输入方法（SUM()、AVERAGE()、COUNT()、ROUND()、MOD()、MAX()、MIN()）。

四、知识链接

（一）单元格的引用

在公式和函数中使用单元格地址或单元格名字来表示单元格中的数据。公式的运算值随着被引用单元格中的数据的变化而发生变化。单元格引用就是指对工作表的单元格或单元格区域进行引用。在计算公式中可以引用本工作表中任何单元格区域的数据，也可引用其他工作表或者其他工作簿中任何单元格区域的数据。Excel 提供了三种不同的引用类型：相对引用、绝对引用

视频：单元格的引用

和混合引用。

1．相对引用

相对引用是直接引用单元格区域名，所以在相对引用中，公式中单元格的地址相对于公式的位置而发生改变。在公式中对单元格进行引用时，默认为相对引用。

例如：在新工作表中，B2、C2、B3、C3 单元格的值分别为 5、3、8、4，单元格 D2 中公式为"=B2-C2"，其运算结果为 2，如图 4-2 所示；当公式复制到单元格 D3 时，其中的公式改为"=B3-C3"，其运算结果为 4，如图 4-3 所示。

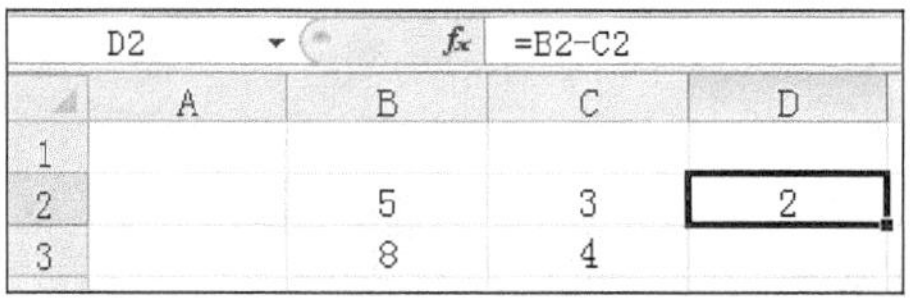

图 4-2　单元格 D2 的相对引用公式的结果 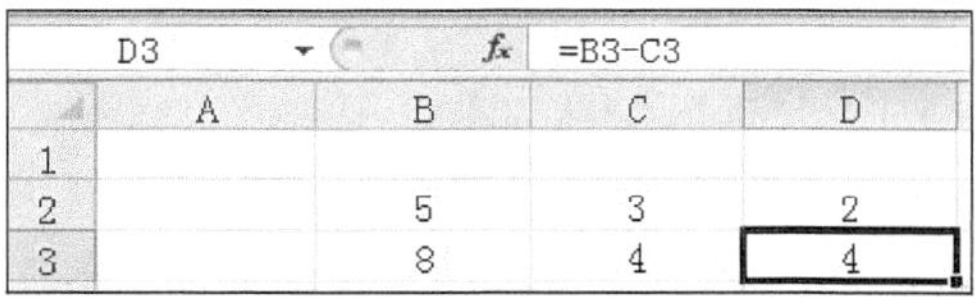　　　　图 4-3　单元格 D3 的相对引用公式复制的结果

2．绝对引用

绝对引用是指把公式复制和移动到新位置时，公式中引用的单元格地址保持不变。设置绝对引用需在行标和列标的前面加美元符号"$"，例如要绝对引用 B2 单元格则输入"$B$2"。对于上面的例子，当单元格 D2 公式改为"=$B$2-$C$2"，其运算结果为 2，如图 4-4 所示；当公式复制到单元格 D3 时，单元格 D3 的公式仍然为"=$B$2-$C$2"不变，其运算结果也保持为 2，如图 4-5 所示。

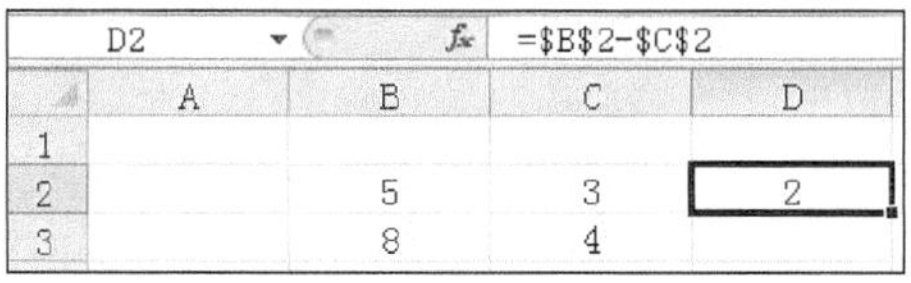

图 4-4　单元格 D2 的绝对引用公式的结果 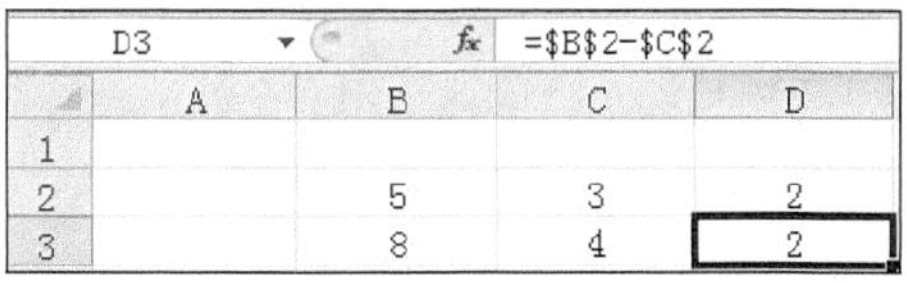　　　　图 4-5　单元格 D3 的绝对引用公式复制的结果

3．混合引用

混合引用是指在一个单元格地址引用中，既包含绝对地址引用又包含相对地址引用。如果公式中使用了混合引用，那么在公式复制的过程中，相对引用的单元格地址改变，而绝对引用的单元格地址保持不变。

对于上例，当单元格 D2 公式改为"=$B$2-C2"时，其运算结果为 2，如图 4-6 所示；当公式复制到单元格 D3 时，单元格 D3 的公式变为"=$B$2-C3"，其运算结果为 1，如图 4-7 所示。

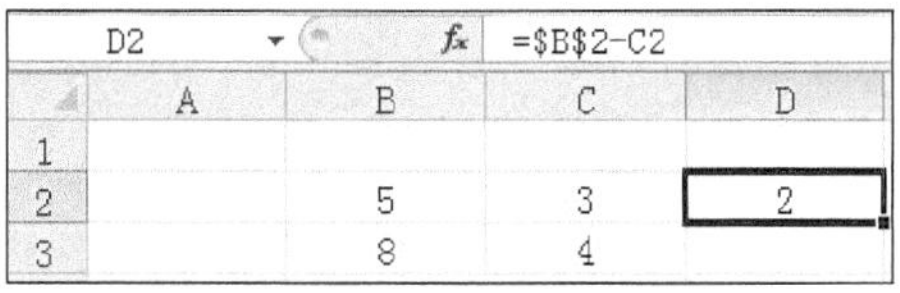

图 4-6　单元格 D2 混合引用公式的结果 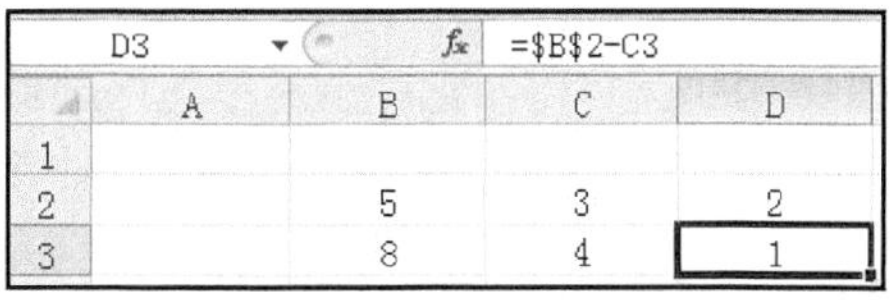　　　　图 4-7　单元格 D3 混合引用公式复制的结果

4．引用同一工作簿中其他工作表的单元格

在同一工作簿中，可以引用其他工作表的单元格。如当前工作表是 Sheet1，要在单元格 A1 中引用 Sheet2 工作表单元格 B1 中的数据，则可在单元格 A1 中输入公式"=Sheet2!B1"。

5．引用其他工作簿的单元格

在 Excel 中计算时也可以引用其他工作簿中单元格的数据或公式。如要在当前工作簿 Book1 的工作表 Sheet1 的单元格 A1 中引用工作簿 Book2 中工作表 Sheet1 的单元格 B2 的数据，可选中 Book1 的工作表 Sheet1 的单元格 A1，输入公式"=[Book2.xlsx]Sheet1!$B$2"。

（二）公式的输入与编辑

1．对公式的了解

要想在数据处理的过程中能够灵活应用公式，用户首先要对公式的基础知识做简单的了解。

（1）公式包含的元素

- 运算符：对数据中的特定类型数据进行运算的符号。
- 数值和任意字符串：包括数字或者文本等各类数据。
- 函数及其参数：函数及其参数也是公式中的基本元素之一。
- 单元格的引用：用于公式计算的大部分数据来自于单元格的数据，所以指定用于计算的单元格或者单元格区域也是进行公式运算必不可少的。

（2）公式的运算符

Excel 的运算符有四种类型：算术运算符、比较运算符、文本运算符和引用运算符。

① 算术运算符。算术运算符用于完成基本的数学运算，包括"（）"（小括号）、"+"（加号）、"–"（减号）、"*"（乘号）、"/"（除号）、"^"（乘幂）、"%"（百分号）、"–"（负号）等。

算术运算符的优先级从高到低依次为（）（小括号）、–（负号）、%（百分号）、^（乘幂）、*（乘）和/（除）、+（加）和–（减）。

比如：公式=3^2–6/3+8*20 中，首先求出 3^2，然后求出 6/3 和 8*20，最后进行加减，公式结果为 167。

② 比较运算符。比较运算符用于比较两个不同数据的值的大小，其结果是逻辑值 True（真）或 False（假），包括 "="（等于）、">"（大于）、"<"（小于）、">="（大于等于）、"<="（小于等于）和 "<>"（不等于）。

比较运算符的优先级从高到低依次为=（等于）、<（小于）、>（大于）、<=（小于等于）、>=（大于等于）、<>（不等于）。

比如：若单元格 C4 中的数值是 73，那么公式=C4<80 的逻辑值为 True。

③ 文本运算符。它是指用 "&" 将多个文本（字符串）连接起来而生成的连续的字符串。

比如：A15 单元格的值为"计算机"，A16 单元格的值为"考试"，则公式=A15&A16 的值就为"计算机考试"。

④ 引用运算符。它用于对单元格区域进行合并运算，包括 ":"（冒号）、","（逗号）和空格，其中冒号为区域运算符，可以对两个引用之间的所有单元格进行引用；逗号为联合运算符，可以将多个引用合并为一个引用；空格为交叉运算符，可产生对同时属于两个引用的单元格区域的引用。

比如：A1:A5 是引用 A1 到 A5 的所有单元格；SUM（A1:A5,B2）是将 A1 至 A5 和 B2 两个单元格区域合并为一个区域；SUM（B3:B8 A4:D4）是对同时属于两个区域的单元格 B4 的引用。

2．公式的输入

在单元格中输入公式和在单元格中输入数据的方法是相同的，只是公式必须以等号开头，下面以学生成绩表为例演示公式的输入方法。

（1）建立公式的方法

① 选择输入公式的单元格或者单元格区域。

② 输入等号“=”。

③ 输入数据序列，输入时可直接输入公式，也可用鼠标单击需要的单元格，在单元格之间用运算符连接。

④ 输入公式后单击输入按钮或者按回车键。

（2）公式输入举例

① 打开学生成绩表，单击要输入数据的单元格，在此工作表中选择存放计算结果的单元格，如 G3 单元格，然后输入“=”号。

② 选择参与计算的第一个单元格，如 B3 单元格，这时 B3 单元格就变为被闪烁虚线框所包围的区域，如图 4-8 所示。

③ 输入运算符并选择单元格地址，在本例中首先输入“+”号，然后再选择参与计算的下一单元格 C3，重复此步骤再依次选择 D3 和 E3、F3 单元格，如图 4-9 所示，输入后按回车键完成公式的输入。此时在 G3 单元格中就会出现计算结果“446”。

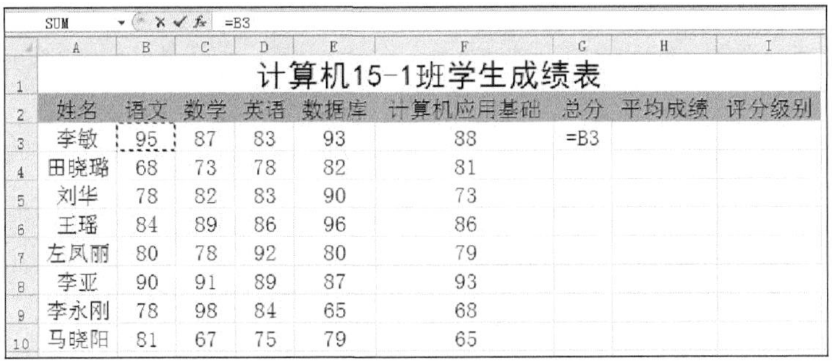

SUM =B3

计算机15-1班学生成绩表

姓名	语文	数学	英语	数据库	计算机应用基础	总分	平均成绩	评分级别
李敏	95	87	83	93	88	=B3		
田晓璐	68	73	78	82	81			
刘华	78	82	83	90	73			
王瑶	84	89	86	96	86			
左凤丽	80	78	92	80	79			
李亚	90	91	89	87	93			
李永刚	78	98	84	65	68			
马晓阳	81	67	75	79	65			

图 4-8　选择单元格

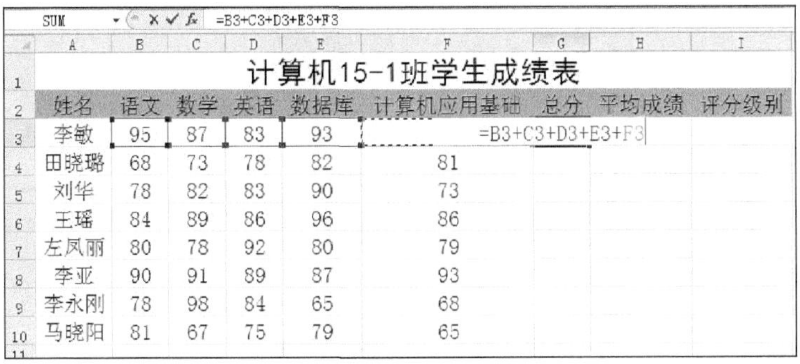

SUM =B3+C3+D3+E3+F3

计算机15-1班学生成绩表

姓名	语文	数学	英语	数据库	计算机应用基础	总分	平均成绩	评分级别
李敏	95	87	83	93	=B3+C3+D3+E3+F3			
田晓璐	68	73	78	82	81			
刘华	78	82	83	90	73			
王瑶	84	89	86	96	86			
左凤丽	80	78	92	80	79			
李亚	90	91	89	87	93			
李永刚	78	98	84	65	68			
马晓阳	81	67	75	79	65			

图 4-9　输入公式

3．修改公式

数据表中的计算结果需要十分准确，但是在输入公式的过程中，单元格的引用或者运算符的输入难免会出错，此时用户就需要对该公式进行修改。

（1）选中单元格 G3，可以看到刚刚编辑的公式，如图 4-9 所示。

（2）单击公式编辑栏进入编辑状态，可以直接在其中对公式进行修改，本例将原公式"=B3+C3+D3+E3+F3"改为"=SUM(B3:F3)"，如图 4-10 所示，修改完成后按回车键。

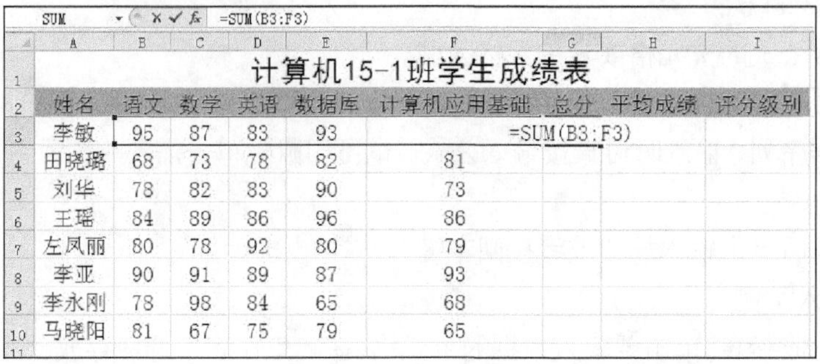

图 4-10　修改公式

（3）如果不想要当前的公式及其运算结果，可以直接将其删除，如果要删除 G3 单元格的公式及其运算结果，首先选中该单元格，直接按 Delete 键即可。

4．复制公式

在数据计算过程中，很多时候很多单元格的运算方法即公式是相同的，如果每一个公式都直接输入，那就大大增加了工作人员的工作量，在 Excel 中可以利用复制公式的方法在多处运行同一个公式。方法如下。

（1）单击包含已经编辑公式的单元格如 G3，在"开始"选项卡中的"剪切板"中单击"复制"按钮。

（2）如需要复制公式和其他所有设置，单击要复制到的目标单元格区域，在"开始"选项卡的"剪切板"中，单击"粘贴"按钮；如只是复制公式，则选择"选择性粘贴"命令。在弹出的"选择性粘贴"对话框中选中"公式"，如图 4-11 所示。

图 4-11　"选择性粘贴"对话框

（3）在上例中对公式进行复制操作时，还可以使用快速填充工具进行快速复制。选中需要复制的单元格 G3，将光标移动到该单元格右下角的控制柄上，当光标变为黑色"+"字时按住鼠标不动，向下方单元格拖动，在完成所有目标单元格的公式复制后松开鼠标。

（三）输入函数

函数是 Excel 附带的预定义或内置公式。它们使用一些被称为参数的特定数值按特定的顺序或结构进行计算。用户可以直接用它们对某个区域内的数值进行一系列运算，如分析和处理日期值和时间值、确定单元格中的数据类型、计算平均值和运算文本数据等。例如，用户可以使用 SUM 函数对单元格或单元格区域进行加法运算。函数可作为独立的公式单独使用，也可以用于另一个公式中或另一个函数内。

1．函数的语法结构

一个函数包括函数名和参数两个部分，格式如下。

函数名（参数 1,参数 2,…）

函数名用来描述函数的功能，参数可以是数字、文本、形如 TRUE 或 FALSE 的逻辑值等，给定的参数必须能产生有效的值。参数可以是常量、公式或其他函数，还可以是数组、单元格地址引用等。函数参数要用括号括起来，即使一个函数没有参数，也必须加上括号。函数的多个参数之间用英文的"，"号分隔。如果函数的参数是文本，该参数要用英文的双引号标注。

2．直接输入函数

选定要输入函数的单元格，输入"="号，然后在后面输入函数名并设置好相应函数的参数，按回车键完成输入。

比如，要在 C9 单元格中计算区域 C1:C8 中所有单元格值的平均值。首先选定单元格 C9，直接输入"=AVERAGE(C1:C8)"，如图 4-12 所示，然后按回车键。

3．插入函数

当用户不太了解函数格式和参数设置的相关信息时，可使用如下方式插入函数，具体操作步骤如下。

（1）打开学生成绩表，选中要输入函数的单元格 H3，单击公式编辑栏进入编辑状态，输入"="号，单击编辑栏的"插入函数"按钮 f_x 或者单击"公式"选项卡中"函数库"组中的"插入函数"按钮，如图 4-13 所示。

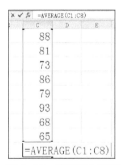

图 4-12　直接输入函数

图 4-13　"插入函数"菜单

弹出"插入函数"对话框，在"选择函数"列表中选择 AVERAGE 函数，如图 4-14 所示，单击"确定"按钮，打开"函数参数"对话框。

（2）在"函数参数"对话框中单击"number1"后面的折叠按钮，用鼠标拖选单元格区域 B3:F3，单击折叠按钮，恢复对话框，如图 4-15 所示。然后单击"确定"按钮，H3 单元格中的计算结果如图 4-16 所示。

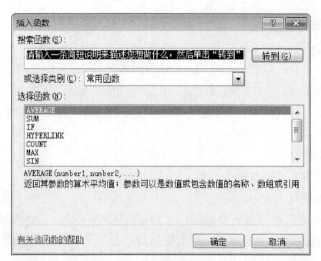

图 4-14　"插入函数"对话框

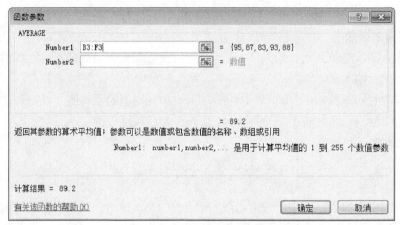

图 4-15　"函数参数"对话框

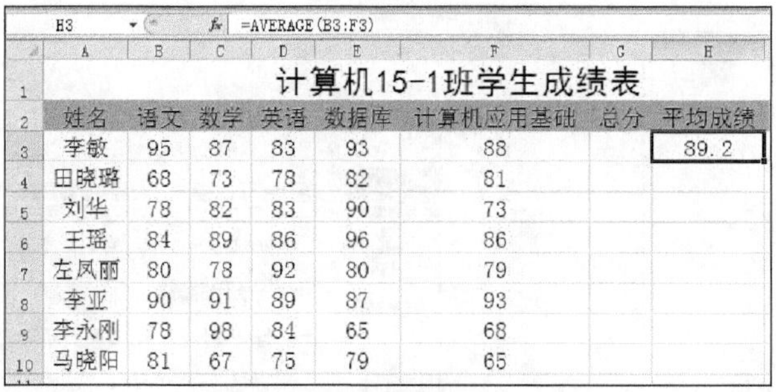

E3			fx	=AVERAGE(B3:F3)			
	A	B	C	D	E	F	G	H
1	计算机15-1班学生成绩表							
2	姓名	语文	数学	英语	数据库	计算机应用基础	总分	平均成绩
3	李敏	95	87	83	93	88		89.2
4	田晓璐	68	73	78	82	81		
5	刘华	78	82	83	90	73		
6	王瑶	84	89	86	96	86		
7	左凤丽	80	78	92	80	79		
8	李亚	90	91	89	87	93		
9	李永刚	78	98	84	65	68		
10	马晓阳	81	67	75	79	65		

图 4-16　插入函数的计算结果

（四）常用函数的使用

由于 Excel 的函数相当多，因此本书仅介绍几种比较常用的函数的使用方法，对于其他函数，可以从 Excel 的在线帮助功能中了解更详细的信息。下面简单介绍一些常用的函数。

1．求和——SUM 函数

（1）主要功能：返回某一单元格区域中所有数字的和。

（2）表达式：SUM(number1,number2,…)。

（3）参数："Number1,number2,…"为1~30个需要求和的数值（包括逻辑值及文本表达式）、区域或引用。

（4）说明：参数表中的数字、逻辑值及数字组成的文本表达式可以参与计算，其中逻辑值被转换为 1、数字组成的文本被转换为数字。参数为数组或引用时，只有其中的数字参与计算。

（5）应用举例：公式"=SUM(1,2,3)"返回 6，而公式=SUM("6",2,TRUE)返回 9，因为文本值"6"被转换成数字 6，而逻辑值 TRUE 被转换成数字 1。在本任务中还可以用于计算总分。

2．求平均——AVERAGE 函数

（1）主要功能：计算所有参数的算术平均值。

（2）表达式：AVERAGE(number1,number2，…)。

（3）参数："number1,number2,…"是需要计算平均值的1~30 个参数。

（4）说明：参数可以是数字，也可以是包含数字的名称和引用。如果引用参数包含文本、逻辑值或空白单元格，则这些值将被忽略。

（5）应用举例：公式"=AVERAGE(7,5,9)"返回 7。

3．计数——COUNT 函数

（1）主要功能：返回数字参数的个数。它可以统计数组或单元格区域中含有数字的单元格的个数。

（2）表达式：COUNT(value1,value2,…)。

（3）参数："value1,value2,…"是包含或引用各种类型数据的参数（1~30 个），其中只有数字类型的数据才能被统计。

（4）说明：函数 COUNT 在计数时，将把数字、日期或以文本代表的数字计算在内。

（5）应用举例：H1=1、H2=2、H3=3、H4="计算机应用基础"，则公式"=COUNT(H1：H4)"返回 3。

4．四舍五入——ROUND 函数

（1）主要功能：按指定的位数对数值进行四舍五入。

（2）表达式：ROUND(number,num_digits)。

（3）参数：其中 number 为要四舍五入的数值，num_digits 为执行四舍五入时采用的位数。

（4）说明："如果 num_digits 大于 0，则将数字四舍五入到指定的小数位；如果 num_digits 等于 0，则将数字四舍五入到最接近的整数；如果 num_digits 小于 0，则在小数点左侧进行四舍五入。"

（5）应用举例：公式"=ROUND(235.62,1)"返回 235.6。

5．返回余数——MOD 函数

（1）主要功能：返回两数相除的余数，结果的正负号与除数相同。

（2）表达式：MOD (number,divisor)。

（3）参数：其中 number 为被除数，divisor 为除数。

（4）说明：如果 divisor 为零，则函数 MOD 返回错误值。

（5）应用举例：公式"=MOD(65473,3)"返回 1。

6．最大值——MAX 函数

（1）主要功能：返回一组值中的最大值。

（2）表达式：MAX(number1,number2，…)。

（3）参数："number1,number2，…"是需要从中找出最大数值的 1～30 个数值。

（4）说明：可以将参数指定为数字、空白单元格、逻辑值或数字的文本表达式。如果参数为错误值或不能转换成数字的文本，将产生错误；如果参数不包含数字，函数 MAX 返回 0。

（5）应用举例：公式"=MAX(1,9,6,4,3,5)"返回 9。

7．最小值——MIN 函数

（1）主要功能：返回一组值中的最小值。

（2）表达式：MIN(number1,number2,…)。

（3）参数："number1,number2,…"是需要从找出最小数值的 1～30 个数值。

（4）说明：可以将参数指定为数字、空白单元格、逻辑值或数字的文本表达式。如果参数为错误值或不能转换成数字的文本，将产生错误；如果参数不包含数字，函数 MIN 返回 0。

（5）应用举例：公式"=MIN(1,9,6,4,3,5)"返回 1。

五、任务实施

视频：创建学生
成绩表

STEP 1 输入数据。首先启动 Excel 2010，新建一个工作簿，在 Sheet1 中按照格式输入同学们的各科目成绩，如图 4-17 所示。将 Sheet1 重命名为"学生成绩表"。

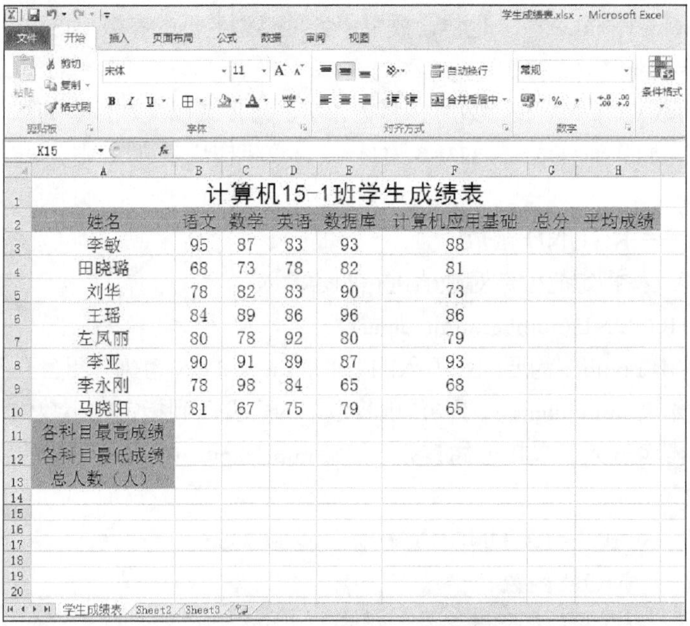

图 4-17　输入各科目成绩

STEP 2 计算总分。单击 G3 单元格，插入函数，选择 SUM 求和函数，在"函数参数"对话框中 Number1 处输入 B3:F3，或者直接单击 B3 并拖曳至 F3，如图 4-18 所示，单击"确定"按钮即可得到第一条记录的总分。

图 4-18　插入求和函数

STEP 3 选中 G3 单元格，将鼠标放至其右下角，待鼠标变成实心十字"+"时单击左键向下拖曳至 G10 单元格松开鼠标，即完成函数的复制，得到每个同学的总分，如图 4-19 所示。

	G3		fx	=SUM(B3:F3)			
	A	B	C	D	E	F	G	H

计算机15-1班学生成绩表

姓名	语文	数学	英语	数据库	计算机应用基础	总分	平均成绩
李敏	95	87	83	93	88	446	
田晓璐	68	73	78	82	81	382	
刘华	78	82	83	90	73	406	
王瑶	84	89	86	96	86	441	
左凤丽	80	78	92	80	79	409	
李亚	90	91	89	87	93	450	
李永刚	78	98	84	65	68	393	
马晓阳	81	67	75	79	65	367	
各科目最高成绩							
各科目最低成绩							
总人数（人）							

图 4-19　计算总分

STEP 4 计算平均成绩。单击 H3 单元格，插入函数，选择 AVERAGE 求平均数函数，在"函数参数"对话框中 Number1 处输入 B3:F3，或者用鼠标直接单击 B3 并拖曳至 F3，如图 4-20 所示，单击"确定"按钮即可得到第一条记录的平均成绩。

AVERAGE		X	fx	=AVERAGE(B3:F3)			
	A	B	C	D	E	F	G	H

计算机15-1班学生成绩表

姓名	语文	数学	英语	数据库	计算机应用基础	总分	平均成绩
李敏	95	87	83	93	88	446	(B3:F3)

图 4-20　插入求平均数函数

STEP 5 选中 H3 单元格，将鼠标放至其右下角，待鼠标变成实心十字"+"时单击左键向下拖曳至 H10 单元格松开鼠标，即完成函数的复制，得到每个同学的平均成绩，如图 4-21 所示。

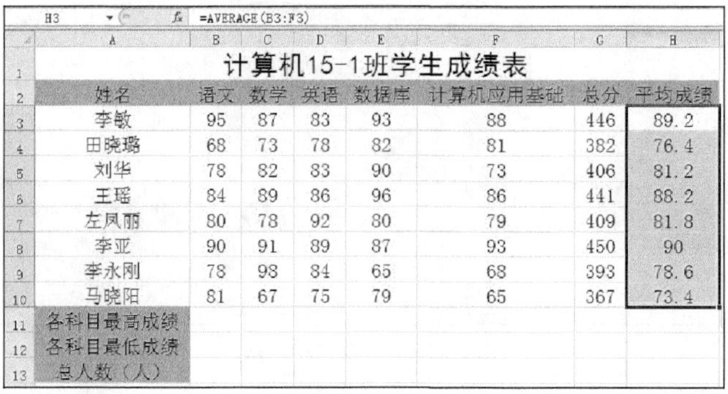

图 4-21　计算平均成绩

STEP 6 选中 H3:H10 区域，单击鼠标右键，在弹出的快捷菜单中选择"设置单元格格式"命令，如图 4-22 所示，弹出"设置单元格格式"对话框，在"数字"选项卡的"分类"中选择"数值"，在右侧的"小数位数"中设置为 1，如图 4-23 所示，即可将同学们的平均成绩保留 1 位小数，如图 4-24 所示。

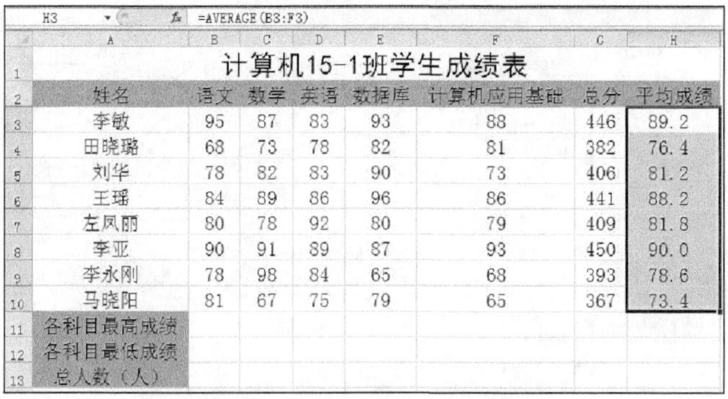

图 4-22　快捷菜单

图 4-23　"设置单元格格式"对话框

图 4-24　平均成绩保留 1 位小数

STEP 7 计算各科目最高成绩。单击 B11 单元格，插入函数，选择 MAX 求最大值函数，在“函数参数”对话框中 Number1 处输入 B3:B10，或者直接单击 B3 并拖曳至 B10，如图 4-25 所示，单击“确定”按钮即可得到语文成绩的最高分。

MAX
=MAX(B3:B10)
计算机15-1班学生成绩表
姓名 语文 数学 英语 数据库 计算机应用基础 总分 平均成绩
李敏 95
田晓璐 68
刘华 78
王瑶 84
左凤丽 80
李亚 90
李永刚 78
马晓阳 81
各科目最高成绩 :B10)
各科目最低成绩
总人数（人）
函数参数
MAX
Number1 B3:B10 = {95;68;78;84;80;90;78;81}
Number2 = 数值
= 95
返回一组数值中的最大值，忽略逻辑值及文本
计算结果 = 95
确定
取消

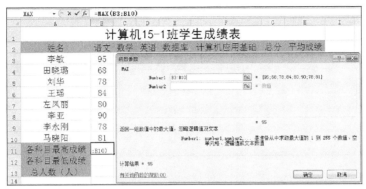

图 4-25 插入最大值函数

STEP 8 选中 B11 单元格，将鼠标放至其右下角，待鼠标变成实心十字“+”时单击左键，向右拖曳至 F11 单元格松开鼠标，即完成函数的复制，得到每科目成绩的最高分，如图 4-26 所示。

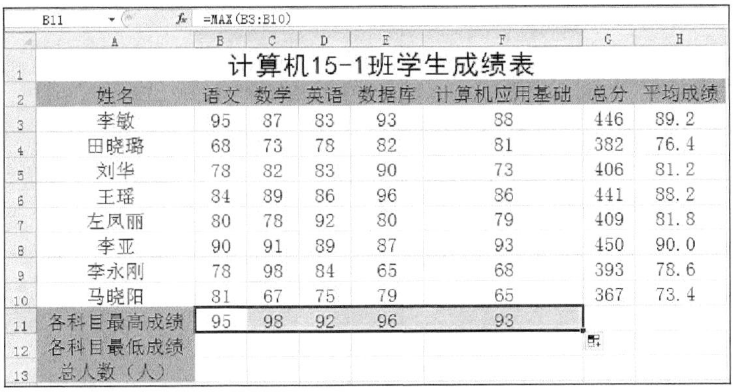

B11
=MAX(B3:B10)
计算机15-1班学生成绩表
姓名 语文 数学 英语 数据库 计算机应用基础 总分 平均成绩
李敏 95 87 83 93 88 446 89.2
田晓璐 68 73 78 82 81 382 76.4
刘华 78 82 83 90 73 406 81.2
王瑶 84 89 86 96 86 441 88.2
左凤丽 80 78 92 80 79 409 81.8
李亚 90 91 89 87 93 450 90.0
李永刚 78 98 84 65 68 393 78.6
马晓阳 81 67 75 79 65 367 73.4
各科目最高成绩 95 98 92 96 93
各科目最低成绩
总人数（人）

图 4-26 计算各科目最高成绩

STEP 9 计算各科目最低成绩。单击 B12 单元格，插入函数，选择 MIN 求最小值函数，在“函数参数”对话框中 Number1 处输入 B3:B10，或者直接单击 B3 并拖曳至 B10，如图 4-27 所示，单击“确定”按钮即可得到语文成绩的最低分。

MIN
=MIN(B3:B10)
计算机15-1班学生成绩表
姓名 语文 数学 英语 数据库 计算机应用基础 总分 平均成绩
李敏 95
田晓璐 68
刘华 78
王瑶 84
左凤丽 80
李亚 90
李永刚 78
马晓阳 81
各科目最高成绩 95
各科目最低成绩 B10)
总人数（人）
函数参数
MIN
Number1 B3:B10 = {95;68;78;84;80;90;78;81}
Number2 = 数值
= 68
返回一组数值中的最小值，忽略逻辑值及文本
计算结果 = 68
确定
取消

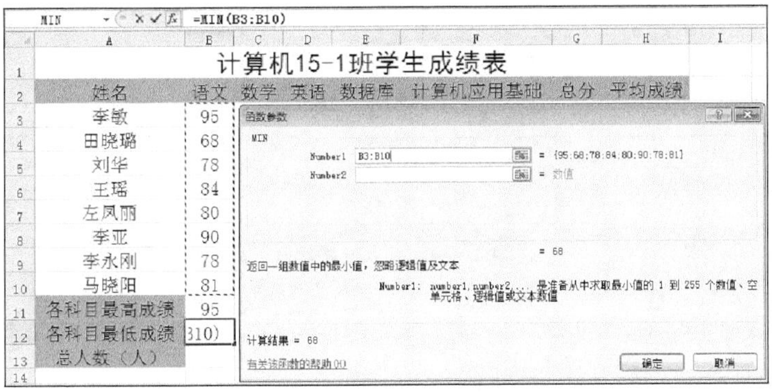

图 4-27 插入最小值函数

STEP 10 选中 B12 单元格，将鼠标放至其右下角，待鼠标变成实心十字"+"时单击左键，向右拖曳至 F12 单元格松开鼠标，即完成函数的复制，得到各科目成绩的最低分，如图 4-28 所示。

	A	B	C	D	E	F	G	H
	B12				=MIN(B3:B10)			
1		计算机15-1班学生成绩表						
2	姓名	语文	数学	英语	数据库	计算机应用基础	总分	平均成绩
3	李敏	95	87	83	93	88	446	89.2
4	田晓璐	68	73	78	82	81	382	76.4
5	刘华	78	82	83	90	73	406	81.2
6	王瑶	84	89	86	96	86	441	88.2
7	左凤丽	80	78	92	80	79	409	81.8
8	李亚	90	91	89	87	93	450	90.0
9	李永刚	78	98	84	65	68	393	78.6
10	马晓阳	81	67	75	79	65	367	73.4
11	各科目最高成绩	95	98	92	96	93		
12	各科目最低成绩	68	67	75	65	65		
13	总人数（人）							

图 4-28　计算各科目最低成绩

STEP 11 计算总人数。选择 B13:H13 区域单元格，单击 [合并后居中] 按钮合并这些单元格，插入函数，选择 COUNT 计数函数，在"函数参数"对话框中 Value1 处输入 B3:B10，或者直接单击 B3 并拖曳至 B10，如图 4-29 所示，单击"确定"按钮即可得到语文成绩的个数。计数函数只能统计出数据类型参数的个数，所以统计出的数学、英语、数据库、计算机应用基础、总分、平均成绩的个数同样可以作为班级总人数。

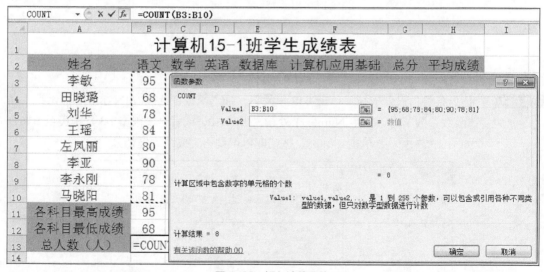

图 4-29　插入计数函数

STEP 12 保存文档。选择"文件"→"保存"命令，选定好保存位置，保存该工作簿，保存名称为"学生成绩表"，如图 4-30 所示。

图4-30 保存学生成绩表

 牛刀小试

以图4-31所示的数据表为数据源完成操作。

序号	姓名	部门	1月份	2月份	3月份	汇总
			某服装公司员工一季度收入报表			
1	李品	销售部	2305	2256	3200	
2	李艳	销售部	1925	2580	3300	
3	王敏	生产部	2090	1440	1032	
4	王文喻	后勤部	2630	1860	2430	
5	周燕	化验部	1545	2330	2140	
6	赵磊	生产部	2495	1900	2045	
7	张诗雨	生产部	2575	1450	2920	
8	郭爱华	后勤部	2840	2308	2304	
9	卢晓晓	生产部	2362	2460	1490	
10	李林	后勤部	1884	2045	2230	
11	张为民	化验部	1267	1434	2030	
12	张静	生产部	2907	2100	2154	
13	刘伟伟	生产部	2300	2295	1980	
14	马小燕	销售部	3209	2760	2388	

图4-31 一季度收入报表

视频：某服装公
司员工一季度
收入报表

要求如下。

（1）在上图所示的一季度收入报表中，利用公式或函数计算出每个人的汇总项。

（2）在上图所示的季度报表中，在其下面四行分别输入“月总计”“月平均”“月最高值”“月最低值”。

（3）用公式或函数计算每个月的销售总量并把计算结果填充到相应的“月总计”单元格。

（4）用公式或函数计算每个月的人均销售量，并把计算结果填充到相应的“月平均”单元格。

（5）用公式或函数计算每个月的销售量的最大值并把计算结果填充到相应的“月最高值”单元格。

（6）用公式或函数计算每个月的销售量的最小值并把计算结果填充到相应的“月最低值”单元格。

（7）保存文件，命名为“一季度收入报表”。

任务 2　制作学生成绩详表

一、任务描述

王飞对本班同学的成绩进行简单计算分析之后，需要给每位同学一个评分级别，对每位同学的成绩进行班级排名，对其中的数据进行更加详细的分析比对，以便更好地了解每位学生学习情况，如图 4-32 所示。

	A	B	C	D	E	F	G	H	I	J
1	计算机15-1班学生成绩表									
2	姓名	语文	数学	英语	数据库	计算机应用基础	总分	平均成绩	评分级别	名次
3	李敏	95	87	83	93	88	446	89.2	优	2
4	田晓璐	68	73	78	82	81	382	76.4	良	7
5	刘华	78	82	83	90	73	406	81.2	良	5
6	王瑶	84	89	86	96	86	441	88.2	优	3
7	左凤丽	80	78	92	80	79	409	81.8	良	4
8	李亚	90	91	89	87	93	450	90.0	优	1
9	李永刚	78	98	84	65	68	393	78.6	良	6
10	马晓阳	81	67	75	79	65	367	73.4	差	8
11	各科目最高成绩	95	98	92	96	93				
12	各科目最低成绩	68	67	75	65	65				
13	总人数（人）					8				
14	平均成绩80分以上人数（人）					5				
15	总分大于400的学生的语文成绩的总和	427								

图 4-32　学生成绩详表

二、任务分析

要想对每位同学的成绩有个更加清晰的了解，需要看他们的评分级别，在班级中的排名情况等，还需要对班级的成绩进行详细的分析，这些通过函数就可以解决。要求调理清晰，灵活运用函数。

三、任务目标

- 常用函数的使用（RANK()、IF()、COUNTIF()、SUMIF()）。

四、知识链接

1．返回排位——RANK 函数

（1）主要功能：返回某个数字在数字列表中的排位。数字的排位是其大小与列表中 其他值的比值。

（2）表达式：RANK (number,ref,order)。

（3）参数：找到排位的数字，ref 表示数据列表数组或对数字列表的引用，order 表示排位的方式，如果其为 0 或省略则表示降序排列，不为 0 表示为升序排列。

（4）应用举例：

我们求 A2 到 A6 单元格内的数据的各自排名情况，如图 4-33 所示。选中 B2 单元格，然后单击编辑栏的"插入函数"按钮 f_x，选择 RANK 函数返回排位，在弹出的"函数参数"对话框中 Number 处输入要进行排名的那个单元格地址 A2；在 Ref 处输入要进行排名比对的数据列表，为 A2:A6 区域的数据，但考虑到函数在后面的复制过程中要保持 A2:A6 区域绝对不变，这就需要对这个区域进行绝对引用，因此此处应该输入"$A$2:$A$6"；在 Order 处输入 0 或者省略，表示排位方式按降序排列，如图 4-34 所示。单击"确定"按钮即可得到第一个数据的排名。

图 4-33　求一列数的排名　　　　图 4-34　RANK 函数的应用

选中 B2 单元格，将鼠标放至其右下角，待鼠标变成实心十字"+"时单击鼠标左键向下拖曳至 B6 单元格松开鼠标，即完成函数的复制，得到前面这列数据各自的排名，如图 4-35 所示。

	A	B	C	D
		f_x	=RANK(A2,$A$2:$A$6,0)	
1	数据	排名		
2	20	5		
3	50	3		
4	69	2		
5	78	1		
6	35	4		

图 4-35　返回排名

2．判断真假——IF 函数

（1）主要功能：执行真假判断。根据逻辑计算的真假值，返回不同的结果。

（2）表达式：IF(logical_test,value_if_true,value_if_false)。

（3）参数：logical_test 表示计算结果为 True 或 False 的任意值或表达式；value_if_true 表示 logical_test 为 True 时返回的值；value_if_false 表示 logical_test 为 False 时返回的值。

（4）应用举例：

首先看一个简单点的例子"=IF(A1=200,1,0)"，意思是说，当 A1=200 时，返回 1，否则返回 0。

如果按照等级来判断某个变量，则需要使用 IF 函数的嵌套。

3．条件计数——COUNTIF 函数

（1）主要功能：COUNTIF 函数对区域中满足单个指定条件的单元格进行计数。

（2）表达式：COUNTIF(range, criteria)。

（3）参数：range 为必需参数，是要对其进行计数的一个或多个单元格，其中包括数字或名称、数组或包含数字的引用。空值和文本值将被忽略。criteria 为必需参数，是定义将对哪些单元格进行计数的数字、表达式、单元格引用或文本字符串。

（4）说明：在条件中可以使用通配符，即问号（?）和星号（*）。问号匹配任意单个字符，星号匹配任意系列字符。若要查找实际的问号或星号，应在该字符前键入波形符（～）；条件不区分大小写。

（5）应用举例：

要求返回 B2 至 B6 单元格内数据小于 0 的单元格的数量，如图 4-36 所示。

选中 B7 单元格，然后单击编辑栏的"插入函数"按钮 f_x ，选择 COUNTIF 函数来返回满足条件的单元格个数，在弹出的对话框中 Range 处输入 B2:B6，即在该数据区域中来判断满足条件的数据个数；在 Criteria 处输入判断条件"<0"，如图 4-37 所示。单击"确定"按钮即可得到小于 0 的数据个数为 3。

图 4-36　返回小于 0 的数据个数　　　　图 4-37　COUNTIF 函数应用

4．条件求和——SUMIF 函数

（1）主要功能：根据指定条件对若干符合条件的单元格求和。

（2）表达式：SUMIF(range,criteria,sum_range)。

（3）参数：range 为用于条件判断的单元格区域；criteria 为确定哪些单元格将被相加求和的条件，其可以为数字、表达式或文本形式定义的条件；sum_range 是需要求和的实际单元格、区域或引用。如果省略将使用区域中的单元格。

（4）应用举例：如图 4-38 所示，要求根据左表中的商家明细表，生成右侧的汇总表，汇总出商家的总进货量。

	A	B	C	D	E	F	G
1	商家	送货时间	数量	金额		汇总表	
2	A	2016年3月12日	3	600		商家	数量
3	D	2016年3月20日	3	300		A	
4	B	2016年4月30日	4	400		B	
5	C	2016年2月18日	5	1000		C	
6	A	2016年4月25日	3	600		D	
7	B	2016年5月23日	2	200			
8	A	2016年4月18日	4	800			
9							
10							

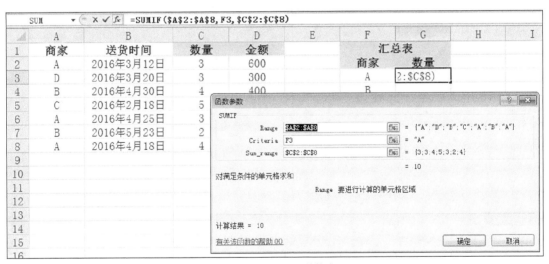

图 4-38　按条件汇总求和

选中 G3 单元格，然后单击编辑栏的“插入函数”按钮 f_x，选择 SUMIF 函数来计算每个商家的总共进货量，在弹出的对话框中 Range 处输入判断区域也就是所有供货商家的区域 A2:A8，在 Criteria 处输入判断条件 F3，在 Sum_range 处输入用于求和计算的实际单元格区域也就是进货数量的区域 C3:C8，由于条件判断区域 A2:A8 和进货数量计算区域 C3:C8 在汇总计算中函数复制后都保持不变，这就需要对这两个区域进行绝对引用，如图 4-39 所示。单击“确定”按钮即可得到汇总后各个商家的总进货量，如图 4-40 所示。

图 4-39　SUMIF 函数的应用

G3　f_x　=SUMIF($A$2:$A$8,F3,$C$2:$C$8)

	A	B	C	D	E	F	G
1	商家	送货时间	数量	金额		汇总表	
2	A	2016年3月12日	3	600		商家	数量
3	D	2016年3月20日	3	300		A	10
4	B	2016年4月30日	4	400		B	6
5	C	2016年2月18日	5	1000		C	5
6	A	2016年4月25日	3	600		D	3
7	B	2016年5月23日	2	200			
8	A	2016年4月18日	4	800			

图 4-40　汇总后各商家进货总量

五、任务实施

STEP 1 打开“计算机应用基础（下册）/项目素材/项目 4/素材文件”目录下的文件素材“学生成绩表”，增加 “评分级别”和“名次”两列。

视频：学生成绩表（2）

STEP 2 计算评分级别。在学生成绩表中，根据“平均成绩”的数据分布对“评分级别”列填充数据，要求平均成绩大于等于 85 的为优，75 到 85 之间（包含 75）的为良，低于 75 的为差。先单击要存放计算结果的单元格 I3，然后单击编辑栏的“插入函数”按钮 *fx*，选择 IF 函数判断真假，在弹出的对话框中 Logical_test 处输入判断条件“H3>=85”，在 Value_if_true 处输入“优”，表示如果满足条件则显示“优”；如果前面没有满足条件，则又需要进行继续判断是“良”还是“差”，这就要求我们在 Value_if_false 处接着使用 IF 函数进行判断，和前面使用的方法一样，此处可以直接输入“IF(H3>=75,"良","差")”，如图 4-41 所示，单击“确定”按钮即可得到第一条记录的评分级别。

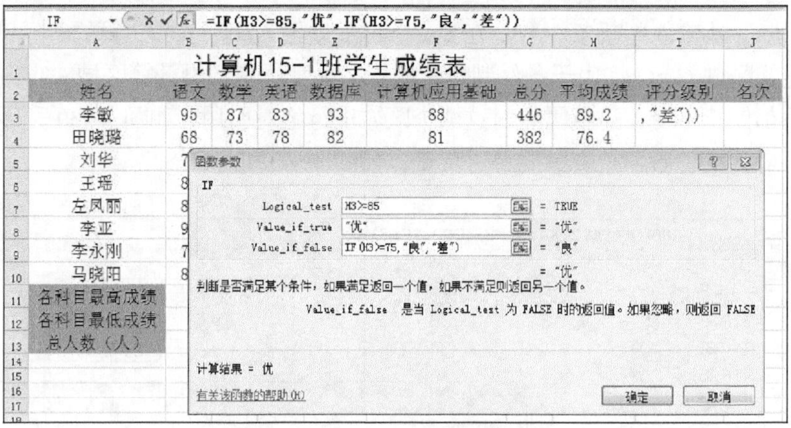

图 4-41　IF 函数的应用

其实上面的插入函数操作也可以采用直接输入方式。单击 I3 单元格，在编辑栏中直接输入公式“=IF(H3>=85,"优",IF(H3>=75,"良","差"))”，单击 ✔ 按钮，也可以得到第一条记录的评分级别。

STEP 3 选中 I3 单元格，将鼠标放至其右下角，待鼠标变成实心十字“+”时单击左键向下拖曳至 I10 单元格松开鼠标，即完成函数的复制，得到每位同学的评分级别，如图 4-42 所示。

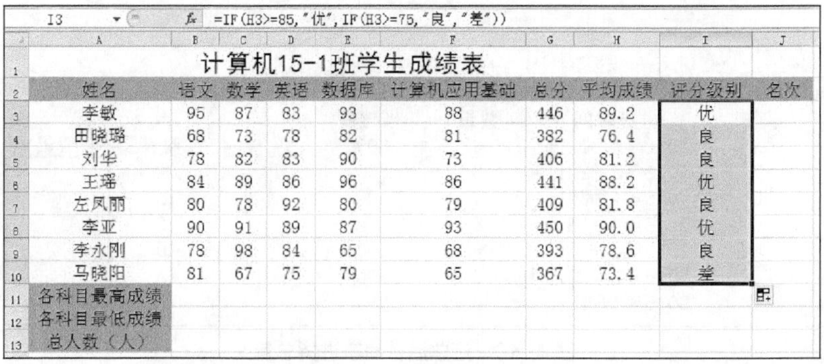

I3　=IF(H3>=85,"优",IF(H3>=75,"良","差"))

计算机15-1班学生成绩表

姓名	语文	数学	英语	数据库	计算机应用基础	总分	平均成绩	评分级别	名次
李敏	95	87	83	93	88	446	89.2	优	
田晓璐	68	73	78	82	81	382	76.4	良	
刘华	78	82	83	90	73	406	81.2	良	
王瑶	84	89	86	96	86	441	88.2	优	
左凤丽	80	78	92	80	79	409	81.8	良	
李亚	90	91	89	87	93	450	90.0	优	
李永刚	78	98	84	65	68	393	78.6	良	
马晓阳	81	67	75	79	65	367	73.4	差	
各科目最高成绩									
各科目最低成绩									
总人数（人）									

图 4-42　计算评分级别

STEP 4 计算名次。在学生成绩表中"名次"那一列，要根据"总分"对学生成绩进行排名。先单击要存放计算结果的单元格 J3，然后单击编辑栏的"插入函数"按钮 f_x，选择 RANK 函数返回排位，在弹出的对话框中 Number 处输入要进行排名的那个单元格地址 G3；在 Ref 处输入要进行排名比对的数据列表，为 G3:G10 区域的数据，但考虑到函数在后面的复制过程中要保持 G3:G10 区域绝对不变，这就需要对这个区域进行绝对引用，因此此处应该输入"$G$3:$G$10"；在 Order 处输入 0 或者省略，表示排位方式按降序排列，如图 4-43 所示。单击"确定"按钮即可得到第一条记录的名次。

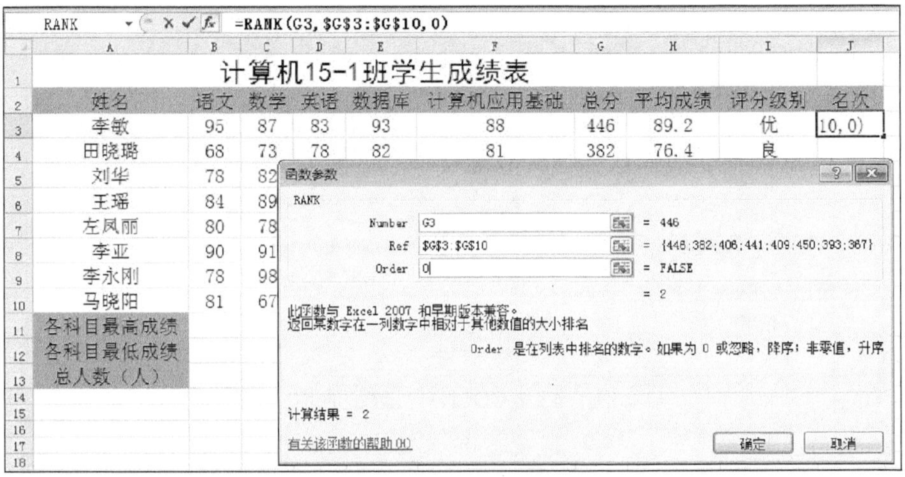

图 4-43　RANK 函数的应用

其实上面的插入函数操作也可以采用直接输入方式。单击 J3 单元格，在编辑栏中直接输入公式"=RANK(G3,$G$3:$G$10,0)"，单击 ✔ 按钮，也可以得到第一条记录的名次。

STEP 5 选中 J3 单元格，将鼠标放至其右下角，待鼠标指针变成实心十字"+"时单击左键向下拖曳至 J10 单元格松开鼠标，即完成函数的复制，得到每位同学的评分级别，如图 4-44 所示。

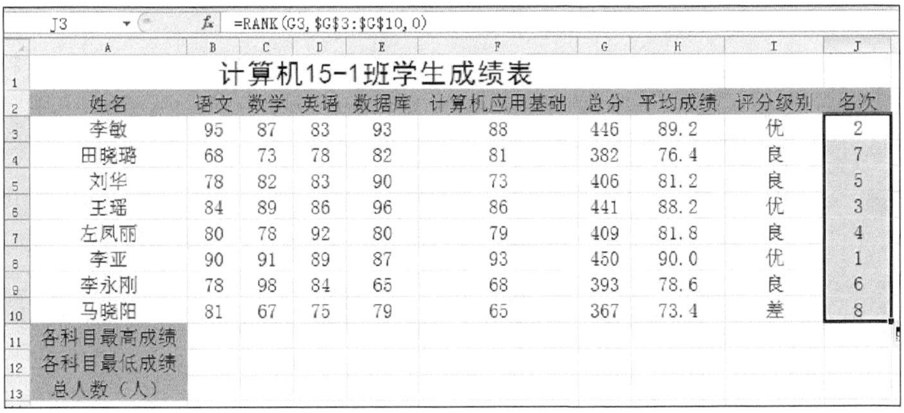

图 4-44　计算名次

STEP 6 还可以进一步对"学生成绩表"的数据进行分析，比如想在该表中根据"平均成绩"的数据统计出平均成绩在 80 分以上的学生人数。

首先在表格下边添加一行"平均成绩 80 分以上人数（人）"，合并单元格 B14:H14，选中 B14，然后单击编辑栏的"插入函数"按钮 *fx*，选择 COUNTIF 函数来返回满足条件的单元格个数，在弹出的对话框中 Range 处输入 H3:H10，即在该数据区域中来判断满足条件的数据个数；在 Criteria 处输入判断条件 ">80"，如图 4-45 所示。单击"确定"按钮即可得到平均成绩 80 分以上的人数为 5 人，如图 4-46 所示。

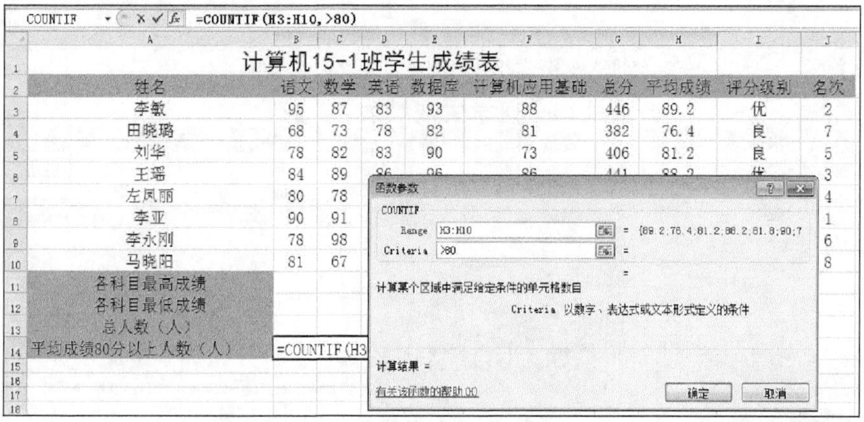

图 4-45　COUNTIF 函数的应用

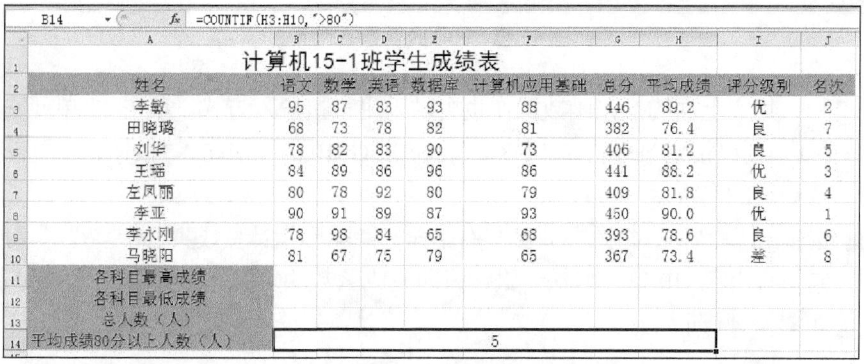

图 4-46　计算平均成绩 80 分以上的人数

其实上面的插入函数操作也可以采用直接输入方式。单击 B14 单元格，在编辑栏中直接输入公式 "=COUNTIF(H3:H10, ">80")"，单击 ✔ 按钮，也可以得到平均成绩 80 分以上的人数为 5 人。

STEP 7 在"学生成绩表"中，要统计该班级所有总分大于 400 的学生的语文成绩的总和。首先在表格下边添加一行"总分大于 400 的学生的语文成绩的总和"，选中 B15，然后单击编辑栏的"插入函数"按钮 *fx*，选择 SUMIF 函数来计算指定条件对若干符合条件的单元格的和，在弹出的对话框中 Range 处输入判断总分大于 400 的数据区域 G3:G10，在 Criteria 处输入判断条件 ">400"，在 Sum_range 处输入用于求和计算的实际单元格区域，也就是语文成绩的区域 B3:B10，如图 4-47 所示。单击"确定"按钮即可得到总分大于 400 的学生的语文成绩的总和 427，如图 4-48 所示。

SUMIF ▼ × ✓ ƒx =SUMIF(G3:G10,">400",B3:B10)

计算机15-1班学生成绩表

姓名	语文	数学	英语	数据库	计算机应用基础	总分	平均成绩	评分级别	名次
李敏	95	87	83	93	88	446	89.2	优	2
田晓璐	68	73	78	82	81	382	76.4	良	7
刘华	78	82	83	90	73	406	81.2	良	5
王瑶	84								
左凤丽	80								
李亚	90								
李永刚	78								
马晓阳	81								
各科目最高成绩									
各科目最低成绩									
总人数（人）									
平均成绩80分以上人数（人）									
总分大于400的学生的语文成绩的和	B3:B10								

函数参数

SUMIF

Range G3:G10 = {446;382;406;441;409;450;393;367}
Criteria ">400" = ">400"
Sum_range B3:B10 = {95;68;78;84;80;90;78;81}

= 427

对满足条件的单元格求和

Sum_range 用于求和计算的实际单元格。如果省略，将使用区域中的单元格

计算结果 = 427

有关该函数的帮助(H) 确定 取消

图 4-47 SUMIF 函数的应用

计算机15-1班学生成绩表

姓名	语文	数学	英语	数据库	计算机应用基础	总分	平均成绩	评分级别	名次
李敏	95	87	83	93	88	446	89.2	优	2
田晓璐	68	73	78	82	81	382	76.4	良	7
刘华	78	82	83	90	73	406	81.2	良	5
王瑶	84	89	86	96	86	441	88.2	优	3
左凤丽	80	78	92	80	79	409	81.8	良	4
李亚	90	91	88	87	93	450	90.0	优	1
李永刚	78	98	84	65	68	393	78.6	良	6
马晓阳	81	67	75	79	65	367	73.4	差	8
各科目最高成绩									
各科目最低成绩									
总人数（人）					8				
平均成绩80分以上人数（人）					5				
总分大于400的学生的语文成绩的和	427								

图 4-48 计算总分大于 400 的学生语文成绩的总和

其实上面的插入函数操作也可以采用直接输入方式。单击 B15 单元格，在编辑栏中直接输入公式 "=SUMIF(G3:G10, ">400", B3:B10)"，其中 G3:G10 为提供逻辑判断依据的单元格区域，">400"为判断条件，B3:B10 为实际求和的单元格区域，单击 ✓ 按钮，也可以得到总分大于 400 的学生的语文成绩的总和 427。

STEP 8 结合前面所学的知识，完成其他数据计算，可以得到一份经过详细数据分析的学生成绩表。

STEP 9 保存文档，保存名称为"学生成绩详表"。

 牛刀小试

1. 打开"计算机应用基础（下册）/项目素材/项目 4/素材文件"目录下的"电子商务 15-1 班计算机成绩表"素材，如图 4-49 所示。

	A	B	C	D	E	F	G	H	I
1	电子商务15-1班计算机成绩								
2	姓名	准考证号	笔试成绩	机试成绩	平时成绩	总评成绩	平均成绩	排名	评分级别
3	韩敏	200205250800XX1020	29	22	20				
4	元运希	200205250800XX1021	43	22	27				
5	李璐敏	200205250800XX1022	30	30	22				
6	张汉喜	200205250800XX1023	41	20	33				
7	苗永芝	200205250800XX1024	33	20	12				
8	张红霞	200205250800XX1025	36	28	20				
9	贺俊霞	200205250800XX1026	26	30	20				
10	张薇伟	200205250800XX1027	32	25	12				
11	张金科	200205250800XX1028	31	30	21				
12	韩永军	200205250800XX1029	29	11	7				
13	张俊玲	200205250800XX1030	35	26	33				
14	李文良	200205250800XX1031	32	19	15				
15	张庆红	200205250800XX1032	35	22	19				
16	匹小瑞	200205250800XX1033	32	20	22				
17	杨海茹	200205250800XX1034	27	23	18				
18	高秋兰	200205250800XX1035	30	19	12				
19	霍丽霞	200205250800XX1036	35	30	20				
20	张金娥	200205250800XX1037	30	22	19				
21	班级总人数								
22	最好成绩								
23	最差成绩								
24	良好比率（%）								

图 4-49　电子商务 15-1 班计算机成绩表

视频：电子商务
15-1 班计算机
成绩

要求如下。

（1）利用公式或函数计算总评成绩（笔试成绩、机试成绩和平时成绩之和）、平均成绩。

（2）利用公式或函数计算班级总人数。

（3）利用公式或函数计算班级最好成绩、最差成绩。

（4）利用公式或函数计算良好比率（总评成绩在 80 分以上的人数/总人数*100%）。

（5）利用公式或函数对班级同学的成绩进行排名。

（6）利用公式或函数计算每位同学的评分级别（大于等于 85 分为优秀，大于等于 70 分、小于 85 分为良好，大于等于 60 分、小于 75 分为及格，小于 60 分为不及格）。

（7）保存文档，保存名称为"电子商务 15-1 班计算机成绩详表"。

2. 打开"计算机应用基础（下册）/项目素材/项目 4/素材文件"目录下的"电子商务 15-1 班基本信息表"素材，如图 4-50 所示。

视频：电子商务
15-1 班基本
信息表

要求：

（1）利用公式或函数计算每位同学的年龄。

（2）利用公式或函数计算平均年龄、最小年龄、最大年龄。

（3）在"说明"这一列中，如果同学们的出生日期的月份和当前月份一样，就在该列中写上"生日快乐"，否则什么都不写。

（4）保存文档，保存名称为"电子商务 15-1 班基本信息详表"。

3. 打开"计算机应用基础（下册）/项目素材/项目 4/素材文件"目录下的"某单位 8 月份员工奖金发放一览表"素材，如图 4-51 所示。

视频：某单位
8 月员工奖金
发放一览表

要求：

（1）在"扣款"前增加一列"补贴"，利用公式或函数计算每位员工的补贴并进行填充（职称为主任的补贴 100，副主任 80，干事 50，员工 40）。

电子商务15-1班基本信息表			
姓名	出生日期	年龄	说明
韩敏	1968年2月18日		
元运誉	1975年9月10日		
李瑞敏	1963年2月3日		
张双喜	1978年12月23日		
苗永芝	1979年12月1日		
张红霞	1977年11月13日		
贺俊霞	1985年1月2日		
张敬伟	1966年9月30日		
张金科	1977年2月15日		
韩永军	1955年11月18日		
张俊玲	1968年5月21日		
李文良	1941年11月15日		
张庆红	1959年12月13日		
庞小瑞	1980年2月23日		
杨海茹	1969年12月11日		
高秋兰	1945年5月12日		
窦丽霞	1960年12月2日		
张金娘	1972年3月21日		
平均年龄			
最小年龄			
最大年龄			

电子商务15-1班基本信息表 Sheet2

图 4-50　电子商务 15-1 班基本信息表

某单位8月份员工奖金发放一览表						
编号	姓名	性别	职称	应发奖金	扣款	实发奖金
001	王在民	男	主任	2035.8	45	
002	刘建兵	男	副主任	1789.4	30	
003	马小军	男	职员	1800.5	30	
004	李小强	男	干事	1639.9	88	
005	陈杉杉	女	职员	2522.3	65	
006	王二柱	男	副主任	1704.6	32	
007	魏征	男	职员	2287	12	
008	陈丽	女	职员	1169.3	34	
009	冯小满	男	职员	1051.7	6	
010	李大成	男	干事	934	8	
011	江雨	女	主任	1816.4	15	
合计						

某单位8月份员工奖金发放一览表 Sheet2 Sheet3

图 4-51　某单位 8 月份员工奖金发放一览表

（2）利用公式或函数计算实发奖金。

（3）利用公式或函数计算应发奖金、补贴、扣款、实发奖金的合计。

（4）利用公式或函数计算职工总人数。

（5）利用公式或函数计算实发奖金最高值和最低值。

（6）筛选出实发奖金大于 1800 的员工的信息。

（7）保存文档，保存名称为“某单位 8 月份员工奖金发放一览表详表”。

PART 5

项目 5
图表的插入与编辑

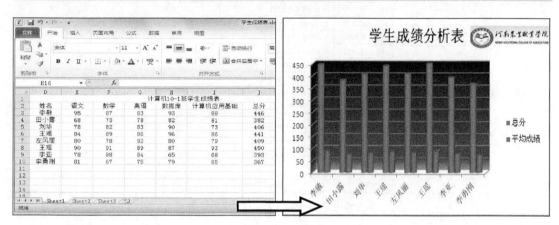

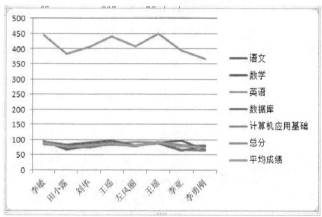

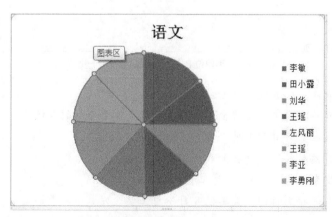

任务 1　制作学生成绩分析表

一、任务描述

辅导员王飞对本班学生的成绩进行了数据统计比对，为了更直观地看到学生成绩分布的态势，他想以创建数据图表的方式达到此目的。

二、任务分析

学生成绩表只能从数据上反映出班级的成绩情况，并不能直观地了解学生的成绩分布情况，通过创建数据图表可以用图形化的方式反映数据。但是要选择好生成图表所需要的数据。

三、任务目标

- 了解图表的类型及图表包含的元素。
- 掌握图表的创建方法。
- 掌握编辑与美化图表的技巧。

四、知识链接

（一）了解图表类型以及各元素

为了在以后的工作中能够灵活应用图表，需要很好地了解图表的类型和结构。下面分别予以介绍。

视频：图表的
类型和图表中
的元素

1．图表的类型

Excel 提供了许多种图表类型，常见的图表类型有饼图、柱形图、折线图、条形图等，不同类型的图表在数据展现方面的优势也不一样，用户可以根据需要采用最有意义的图表类型。下面是几种常用的图表类型。

（1）柱形图。它显示一段时间内数据的变化或者显示不同项目之间的对比，柱形图主要是强调数量的差异，如图 5-1 所示。

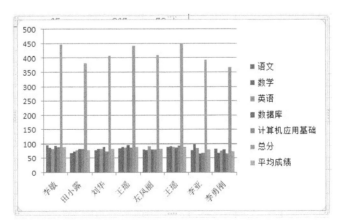

图 5-1　柱形图

（2）折线图。它可以显示随时间而变化的连续数据（根据常用比例设置），因此它非常适用于显示在相等时间间隔下数据的趋势走向。在折线图中，类别数据沿水平轴均匀分布，所有的值数据沿垂直轴均匀分布，如图 5-2 所示。

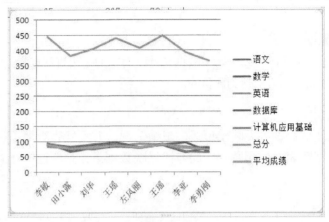

图 5-2　折线图

（3）饼图。它用于显示组成数据系列的项目在整个项目总和中所占的百分比。饼图通常只显示一个数据系列，如图 5-3 所示。

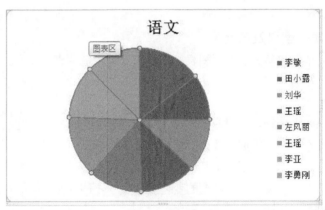

图 5-3　饼图

（4）面积图。它强调数量随时间而变化的程度，以引起人们对总值趋势的注意，如图 5-4 所示。

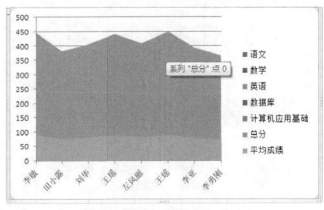

图 5-4　面积图

（5）条形图。它显示各项之间的比较情况，如图 5-5 所示。

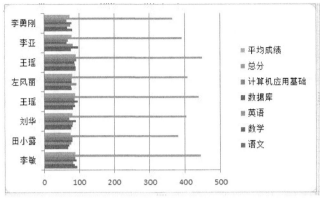

图 5-5　条形图

2．图表组成元素

图表由图表区和绘图区、图例、图表标题坐标轴、数据系列等几个部分组成，图表区是整个图表的背景区域，绘图区是用于绘制数据的区域。图表中还含有图表标题和网格线等内容，如图 5-6 所示。各组成部分的功能如下。

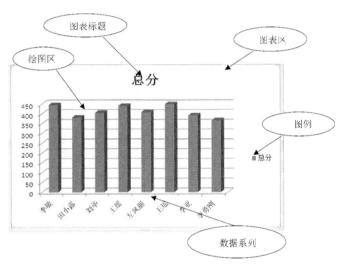

图 5-6　图表组成元素

（1）图表区。用于存放图表的各个组成部分。

（2）绘图区。用于显示数据系列的变化。

（3）图表标题。用以说明图表的标题名称。

（4）坐标轴。用于显示数据系统的名称和其对应的值。

（5）数据系列。用图形的方式表示数据的变化。

（6）图例。显示每个数据系列代表的名称。

（二）创建图表

图表有内嵌图表和独立图表两种。内嵌图表是指图表与数据源放置在同一张工作表中，如图 5-7 所示；独立图表是指图表和数据源不在同一张工作表，而是单独存放，如图 5-8 和图 5-9 所示。

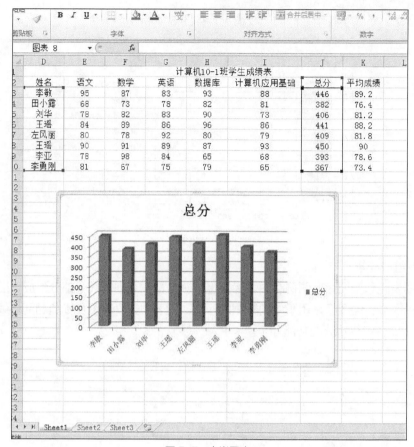

图 5-7　内嵌图表

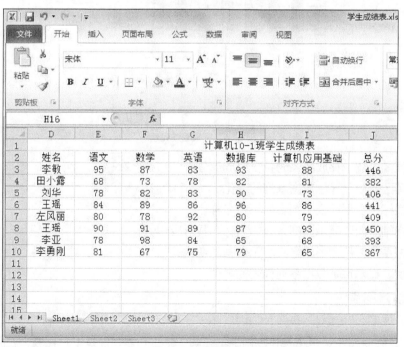

图 5-8　独立数据

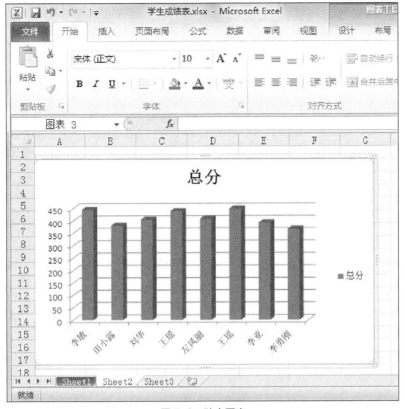

图 5-9　独立图表

1．根据数据源生成图表

以学生成绩表为数据源，图表的创建方法如下。

首先选择创建图表的数据源，在本例中选中"姓名""总分""平均成绩"这三列作为创建图表的数据源，如图 5-10 所示。选择"插入"选项卡，单击"图表"组中的"柱形图"右下角的下拉按钮，在弹出的下拉列表中选择"三维簇状柱形图"选项，如图 5-11 所示。在工作表中会自动产生三维簇状柱形图，如图 5-12 所示。

视频：图表的
创建

	D	E	F	G	H	I		J	K	L
					计算机10-1班学生成绩表					
1										
2	姓名	语文	数学	英语	数据库	计算机应用基础		总分	平均成绩	
3	李敏	95	87	83	93	88		446	89.2	
4	田小露	68	73	78	82	81		382	76.4	
5	刘华	78	82	83	90	73		406	81.2	
6	王瑶	84	89	86	96	86		441	88.2	
7	左风丽	80	78	92	80	79		409	81.8	
8	王瑶	90	91	89	87	93		450	90	
9	李亚	78	98	84	65	68		393	78.6	
10	李勇刚	81	67	75	79	65		367	73.4	
11										
12										

图 5-10　选中数据源

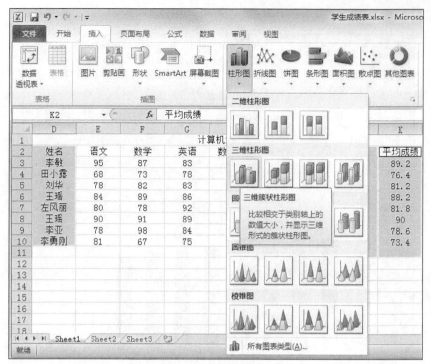

图 5-11　插入柱形图

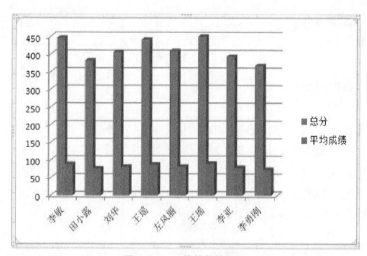

图 5-12　三维簇状柱形图

2．修改图表

图表创建完成后，如果发现图表类型、数据系列等有不合适的地方，用户还可以根据需要对图表进行修改。

（1）更改图表类型。在上一步创建图表的同时会激活图表工具的"设计""布局"和"格式"选项卡。选择图表区，单击"图表工具"的"设计"选项卡中"类型"组中的"更改图表类型"，打开"更改图表类型"对话框，如图5-13所示。在弹出的对话框中单击"簇状圆柱图"，将其作为更新后的图表类型，单击"确定"按钮，图表区原来的图表类型就被转换为"簇状圆柱图"，如图5-14所示。

视频：图表的
修改

图 5-13 "更改图表类型"对话框

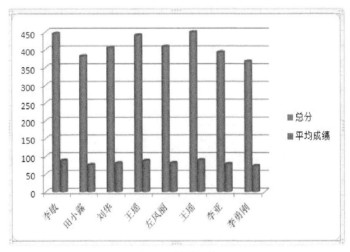

图 5-14 簇状圆柱图

（2）更改数据源。在"设计"选项卡中单击"数据"组中的"选择数据"按钮，调出"选择数据源"对话框，如图 5-15 所示。使用鼠标拖动选择新的数据区域，松开鼠标后，在"图标数据区域"栏中会显示选择的结果，然后单击"确定"按钮。

图 5-15 "选择数据源"对话框

（3）改变图表位置。

　　方法一：图表在当前工作表中移动位置，单击选中图表，按下鼠标左键不放，拖动图表到需要的位置，释放鼠标，图表即被移到虚线框所示的目标位置。

　　方法二：将图表移动到其他工作表中时，单击选中图表，在"图表工具"组中选择"设计"选项卡中的"位置"组，单击"移动图表"命令，弹出"移动图表"对话框，如图 5-16 所示。对话框显示了图表可以放置的位置，可以放置到当前表中，也可以选择新的表存放。这里选择"Sheet2"，则图表就被存放到"Sheet2"表中，如图 5-17 所示。

图 5-16　"移动图表"对话框

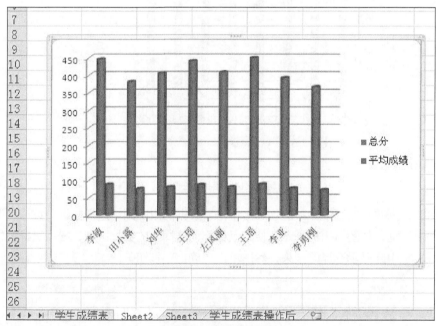

图 5-17　移动后的图表

　　（4）改变图表的大小。选中图表，把鼠标移到图表的右上角，在出现斜双向箭头且显示"图表区"提示文字时按住鼠标左键拖动，即可放大或缩小图表，如图 5-18 所示。

　　（三）编辑图表

　　图表创建后，用户还可以对图表中的"标题""系列""绘图区"等图表元素的布局进行再设计，如图 5-19 和图 5-20 所示。

视频：图表编辑

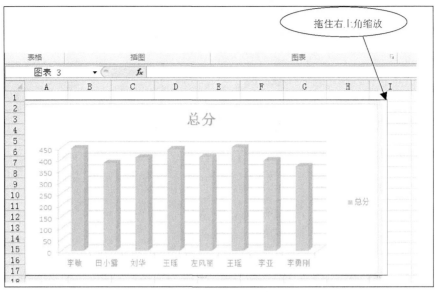

图 5-18　图表的缩放

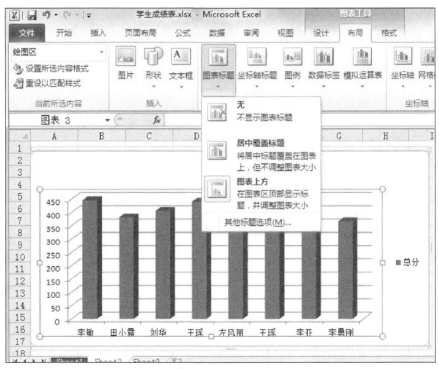

图 5-19　标题设置

1．添加标题

如给刚刚创建的图表添加图表标题"学生成绩分析表"，其操作方法为：单击图表，选择"图表工具"中"布局"选项卡"标签"组中的"图表标题"按钮，出现下拉列表，如图 5-21 所示。选择"图表上方"，在图表中显示的"图表标题"文本框中输入"学生成绩分析表"，效果如图 5-22 所示。

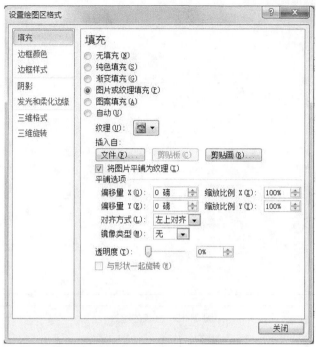

图 5-20　绘图区设置

图 5-21　"图表标题"菜单

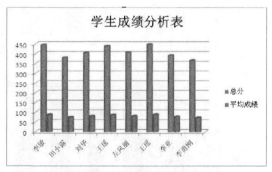

图 5-22　添加标题后的图表

2．添加数据标签

根据要添加数据标签的数据系列对象的不同，其选取位置也要相应变化，如果向所有数据系列的所有数据点添加数据标签，单击图表区即可；如果要向一个数据系列的所有数据点添加标签，单击该数据系列中需要标签的任意位置，然后在"布局"选项卡的"标签"组中，单击"数据标签"按钮，单击所需的显示选项即可，如图 5-23 所示。

3．修改图例

单击选择图表，在"布局"选项卡的"标签"组中，单击"图例"按钮下方的小三角，在弹出的下列菜单中选择"其他图例选项"，弹出"设置图例格式"对话框，选择相应的设置即可，如图 5-24 所示。

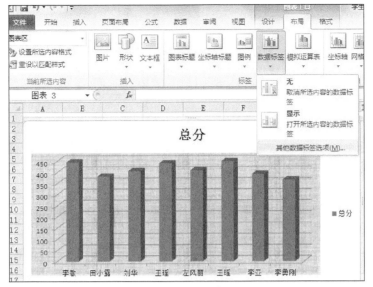

图 5-23　数据标签

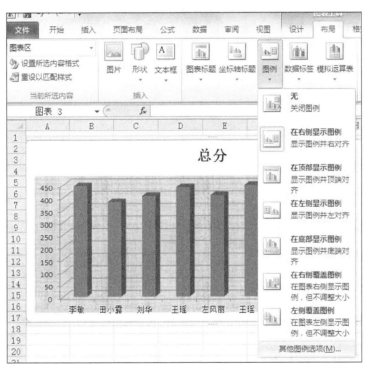

图 5-24　图例的设置

（四）图表格式化

用户可通过"图表工具"的"格式"选项卡对图表进行格式化操作。

1．插入图片

如为"学生成绩分析"图表添加河南农业职业学院校徽，可单击"布局"选项卡"插入"组中的"图片"按钮，如图 5-25 所示，在打开的对话框中选择图片"河南农业职业学院校徽"，单击"插入"按钮即可看到效果，如图 5-26 所示。

视频：插入图片
形状等

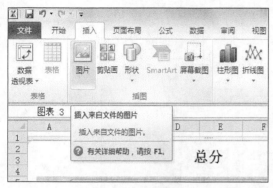

图 5-25　插入图片

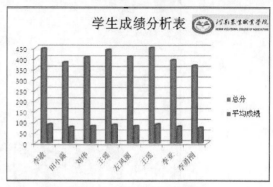

图 5-26　插入图片后的图表

2．图表背景

选择图表"学生成绩分析表"，单击"布局"选项卡的"背景"组中的"图表背景墙"弹出下拉菜单，选择"其他背景墙选项"，如图 5-27 所示，弹出"设置背景墙格式"对话框，单击"填充"选项卡，在"填充"列表中选择"渐变填充"，预设颜色选择"红日西斜"，效果如图 5-28 所示。

视频：图表的
样式设置

图 5-27　设置背景墙格式

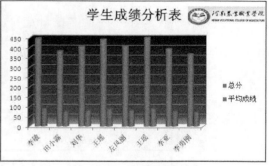

图 5-28　填充后的效果

用同样的方法还可以对图表进行"图表基底"和"三维旋转"等设置。

3．形状样式

对于图表中的图表区、绘图区都可利用形状样式对其进行快速格式设置。

（1）单击选择"学生成绩分析表"的图表区，在"格式"选项卡的"形状样式"组的列表框中，如图 5-29 所示，选择"细微效果—水绿色，强调颜色 5"；单击"形状轮廓"弹出下拉菜单，选择标准色"紫色"；单击"粗细"，设置线框粗细为"4.5磅"；单击"虚线"，设置虚线样式为"圆点"。其效果如图5-30所示。

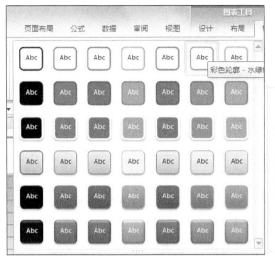

图5-29 图标形状样式设置　　　　　　图5-30 套用样式的效果

（2）单击选择绘图区，在"格式"选项卡中的"形状样式"组的列表框中，单击选择"中等效果—橙色，强调颜色6"。

（3）单击选择"图例"，在"格式"选项卡中的"形状样式"组的列表框中，单击选择"中等效果—橄榄色，强调颜色3"，最终效果如图5-31所示。

4. 艺术字样式

单击选择学生成绩分析表的标题，选择"艺术字样式"中的"渐变填充—紫色，强调文字颜色4，映像"，完成后的效果如图5-32所示。

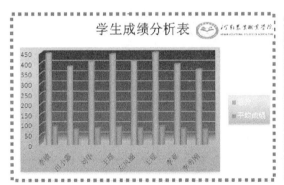
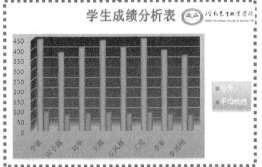

图5-31 图表的整体效果　　　　　　　图5-32 任务完成后的效果

五、任务实施

STEP 1 打开"计算机应用基础（下册）/项目素材/项目5/素材文件"目录下的"学生成绩表"，如图5-33所示。

STEP 2 选中希望生成图表的数据，如图5-34所示。

STEP 3 单击"插入"选项卡，选择"柱形图"下拉菜单中的"三维簇状图"，如图5-35所示，最后效果如图5-36所示。

图 5-33　学生成绩表

图 5-34　选中数据

图 5-35　插入操作

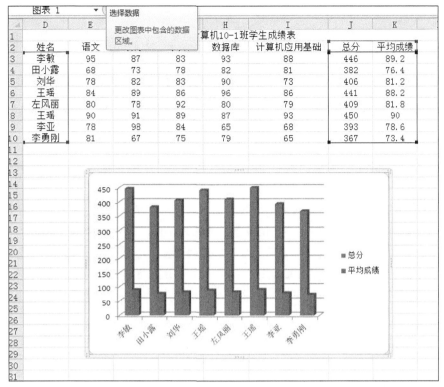

图 5-36　插入三维簇状图

STEP 4 在图表工具中对相应图标做调整和美化等工作。

 牛刀小试

制作图 5-37 所示的职工工资表，以其为数据源完成以下操作。

	A	B	C	D	E	F	G
1	员工一季度收入报表						
2	序号	姓名	部门	1月份	2月份	3月份	汇总
3	1	李品	销售部	2305	2256	3200	7761
4	2	李艳	销售部	1925	2580	3200	7705
5	3	王敏	后勤部	2090	1440	1035	4565
6	4	王文娱	生产部	2630	1860	2595	7085
7	5	周艳	化验部	1545	2330	2170	6045
8	6	赵磊	生产部	2495	1900	2045	6440
9	7	张世玉	生产部	2575	1400	2920	6895
10	8	张玉杰	后勤部	2840	2308	2280	7428
11	9	郭爱华	生产部	2352	1450	1630	5432
12	10	卢智	后勤部	1884	2045	1434	5363
13	11	李森	后勤部	1267	2390	2225	5882
14	12	张为民	生产部	2907	2100	2235	7242
15	13	张静	生产部	2400	2295	2130	6825
16	14	郭小铎	化验部	3280	2750	1350	7380
17							
18							

图 5-37　员工工资表

要求如下。

（1）针对表格中 1 月份、2 月份的数据，在当前工作表中创建嵌入的条形圆柱图，图表标题为“员工销售分析表”。

（2）将该图表移动、放大到 H3：M23 区域，并将图表类型改为簇状柱形圆柱图。

（3）将图表中 1 月份的数据系列删除，然后再将 3 月份的数据系列添加到图表中，并使 3 月份的数据系列位于 1 月份的数据系列的前面。

（4）为图表中 3 月份的数据系列增加以值显示的数据标记。

（5）为图表添加分类轴标题“姓名”及数据值轴标题“月销售量”。

（6）将图表区的字体大小设置为 11 号，并选用最粗的圆角边框。

（7）将图表标题“员工销售分析表”设置为粗体、16 号、双下划线；将分类轴标题“姓名”设置为粗体、12 号；将数值轴标题“月销售量”设置为粗体、12 号、45 度方向。

（8）将图例的字体改为 9 号，将边框改为带阴影的边框，并将图例移动到图表区的右下角。

（9）将数值轴的主要刻度间距改为 10，将字体大小设为 8 号，将分类轴的字体大小设置为 8 号。

任务 2　制作职工工资数据透视表和数据透视图

一、任务描述

财务处老师想依照学校职工工资表进行数据统计对比，如图 5-38 所示，进而给出一份直观的职工工资分析表。

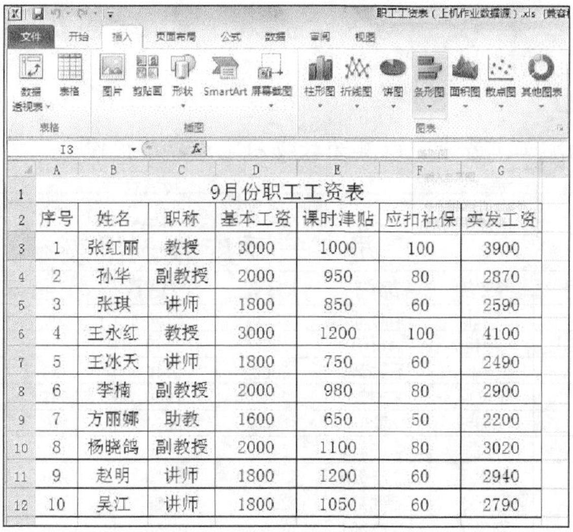

序号	姓名	职称	基本工资	课时津贴	应扣社保	实发工资
1	张红丽	教授	3000	1000	100	3900
2	孙华	副教授	2000	950	80	2870
3	张琪	讲师	1800	850	60	2590
4	王永红	教授	3000	1200	100	4100
5	王冰天	讲师	1800	750	60	2490
6	李楠	副教授	2000	980	80	2900
7	方丽娜	助教	1600	650	50	2200
8	杨晓鸽	副教授	2000	1100	80	3020
9	赵明	讲师	1800	1200	60	2940
10	吴江	讲师	1800	1050	60	2790

图 5-38　原始工资表

二、任务分析

工资表包含全校老师的工资数据，信息量较大，不能直接反映出职工薪资情况。数据透视表是一种交互的、交叉制表的 Excel 报表，用于对多种来源的数据进行汇总和分析，可以深入分析数值数据，并回答一些包含在数据中的实际问题，是数据分析和决策的重要技术，可以使用透视表、透视图的方法来解决问题。

三、任务目标

- 掌握数据透视表的创建方法。
- 掌握数据透视图的创建方法。
- 在工作表中插入图片、形状图形、SmartArt 图形、文本框、艺术字、页眉页脚。
- 工作表的打印设置（页面设置、纸张方向、纸张大小、页边距、打印区域、打印预览、打印输出）。

四、知识链接

（一）创建数据透视表

1. 数据透视表概述

数据透视表是一种交互的、交叉的 Excel 报表，用于对多种来源（包括 Excel 的外部数据）的数据（如数据库记录）进行汇总和分析，可以深入分析数值数据，并回答一些包含在数据中的实际问题，是数据分析和决策的重要工具。一个完整的数据透视表是由行、列、值以及报表筛选区域四部分组成的，如图 5-39 和图 5-40 所示。

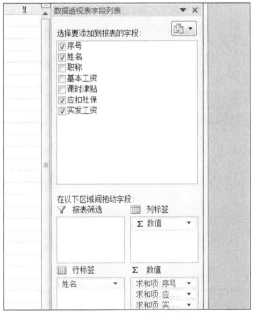

图 5-39　透视表的行、列、值　　　　图 5-40　报表筛选区域

（1）源数据。用于创建数据透视表或数据透视图的数据清单或表，也就是 Excel 中的工作表数据。

（2）数据透视表。

① 行：数据透视表中最左面的标题，在数据透视表中被称为行字段，对应"数据透视表字段列"表中"行标签"区域内的内容，如图 5-41 所示。单击行字段的下拉按钮可以查看各个字段项，可以全部选择或者选择其中的几个字段项在数据透视表中显示，如图 5-42 所示。

视频：透视表的创建

图 5-41　行标签

图 5-42　下拉菜单

② 列：数据透视表中最上面的标题，在数据透视表中被称为列字段，对应"数据透视表字段列"表中"列标签"区域内的内容。单击列字段的下拉按钮可以查看各个字段项，可以全部选择或者选择其中的几个字段项在数据透视表中显示，如图 5-43 所示。

③ 值：数据透视表中的数字区域，执行计算时提供要汇总的值，在数据透视表中被称作字段，"数值"区域中的数据采用以下方式对数据透视图报表中的基本源数据进行汇总：对数值使用 SUM 函数，对文本值使用 COUNT 函数，鼠标右键单击"求和项"，可以对值字段设置求和、计数或其他，还可以将值字段多次放入数据区域来求得同一字段的不同显示结果，如图 5-44 和图 5-45 所示。

图 5-43　列标签

图 5-44　求和项右键

④ 筛选区域：数据透视表中最上面的标题，在数据透视表中被称为页字段，对应"数据透视表字段列"表中"报表筛选"区域内的内容，如图 5-46 所示。单击页字段的下拉按钮，勾选"选择多项"，可以全部选择或者选择其中的几个字段项在数据透视表中显示。

图 5-45　数值区域

图 5-46　筛选区域

⑤ 计算项：计算项是在数据源中增加新行或增加新列的一种方法（该行或者列的公式涉及其他行或列），允许用户为数据透视表的字段创建计算项。需要注意的是，自定义的计算项一经创建，它们就像在数据源中真实存在的一样，允许在 Excel 表格中使用。

2．创建数据透视表

要创建数据透视表，必须定义其源数据，并在工作簿中的指定位置设置字段布局。在 Excel 2010 中，Excel 早期版本的"数据透视表和数据透视图向导"已替换为"插入"选项卡中"表"组中的"数据透视表"和"数据透视图"命令，如图 5-47 所示。

图 5-47　插入数据透视表

（1）单击数据源"职工工资表"中的任意一个单元格，如 C4，单击"插入"选项卡中"表格"组中的"数据透视表"，在下拉选项中选择"数据透视表"，在弹出的"创建数据透视表"对话框中选择要分析的数据，如图 5-48 所示，默认的选择是将整张工作表作为数据源；再在对话框的"选择放置数据透视表的位置"中选择放置数据透视表的位置，默认的选择是将数据透视表作为新的工作表，可以保持此选项不变，也可以选择"现有工作表"，然后再选定所在单元格如 A15，如图 5-49 所示。单击"确定"按钮即生成一张空的数据透视表。

图 5-48 "创建数据透视表"对话框

图 5-49 插入到现有工作表

（2）在生成空白数据透视表的同时打开"数据透视表字段列表"任务窗格。在任务窗格的"选择要添加到报表的字段"列表框中选择相应字段的对应复选框，即可创建带有数据的数据透视表，在本例中选择"序号""姓名""实发工资"，如图 5-50 所示。

（3）如果要在数据透视表中查找实发工资最高的数据记录，可以选择实发工资在数据透视表中的表头，在这里是 C3 单元格，然后在"数据透视表工具"中"选项"选项卡的"活动字段"组中单击"字段设置"按钮，打开"值字段设置"对话框，如图 5-51 所示。

图 5-50 "数据透视表字段列表"任务窗格

图 5-51 "值字段设置"对话框

（4）在对话框的"计算类型"列表框中选择"最大值"选项，完成后单击"确定"按钮即可，效果如图5-52所示。

（5）选中"列标签"中的"业务名"字段，将其拖出"列标签"区域即可完成删除字段操作；对"行标签"区域中的字段，也可以用同样的方法删除。相反，如果要添加字段，只需从"选择要添加到报表的字段"列表框中选择需要添加的字段名，将其移动到"行标签"区域中，即可完成添加。

（6）选择数据透视表的样式：单击数据透视表中的任意单元格，单击"数据透视表工具"中的"设计"选项卡，在"数据透视表样式"组中的列表框中选择"数据透视表样式浅色14"选项，可以看到数据透视表的效果如图5-53所示。

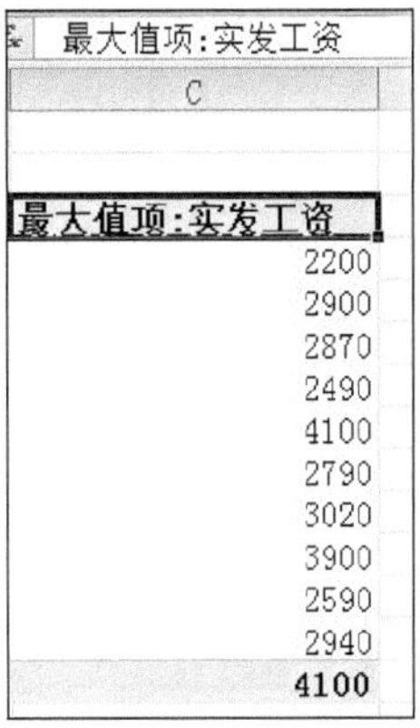

图 5-52　最大值透视的结果 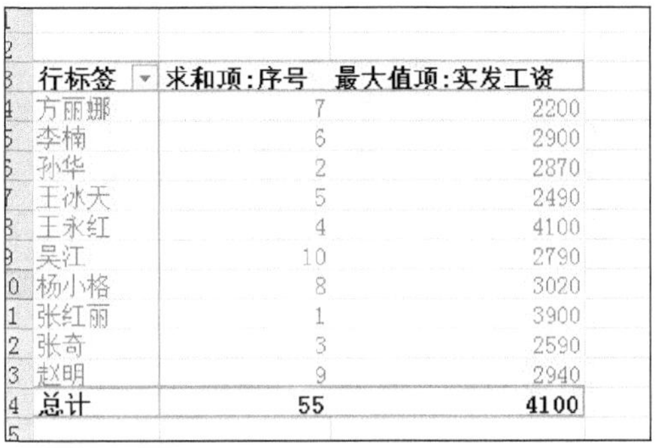　　　　　　　图 5-53　应用数据透视表样式后的效果

（7）单击"数据透视表工具"中的"选项"选项卡，在"数据透视表"组中"选项"的下拉菜单中打开"数据透视表选项"对话框，在对话框的"汇总和筛选"选项卡中可以对总计的显示方式、筛选和排序进行再设置，如图5-54所示。

图 5-54　"数据透视表选项"对话框

（二）创建数据透视图

1．了解数据透视图

数据透视图是数据透视表的图形化表示工具，它能准确地显示相应数据透视表中的数据，使数据透视表中的信息以图形的方式更加直观、形象地呈现在用户面前，如图 5-55 所示。

视频：数据透视图的创建

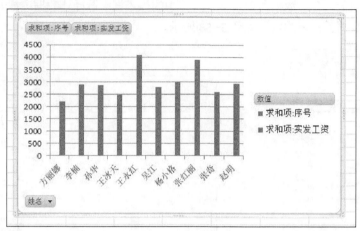

图 5-55　数据透视图

2．创建数据透视图

创建数据透视图的方式主要有三种。

方法一：在刚创建的数据透视表中选择任意单元格，然后单击"数据透视表工具"中"选项"选项卡的"工具"组中的"数据透视图"按钮，如图 5-56 所示。

方法二：在数据透视表创建完成后，单击"插入"选项卡，在图表组中也可以选取相应的图表类型创建数据透视图，如图 5-57 所示。

图 5-56　"数据透视图"按钮

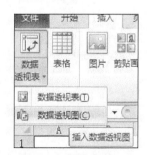

图 5-57　"插入"选项卡

方法三：如果还没有创建数据透视表，单击数据源数据中的任一单元格，单击"插入"选项卡的"表格"组中的"数据透视表"按钮，在弹出的下拉菜单中单击"数据透视图"，Excel将同时创建一张新的数据透视表和一张新的数据透视图。

3．编辑数据透视图

（1）更改图表类型：选中数据透视图，选择"设计"工具栏的"更改图表类型"按钮，在弹出的对话框中选择需要的第二个图形类型，单击"确定"按钮即可更改数据透视图的类型，如图 5-58 所示。

图 5-58　更改图表类型

（2）更改布局和图表样式：选中数据透视图，选择"设计"工具栏中的"图表布局"按钮，可以更改数据透视图的布局，如图 5-59 所示；单击"图表样式"按钮，还可以快速更改数据透视图的显示样式，如图 5-60 所示。

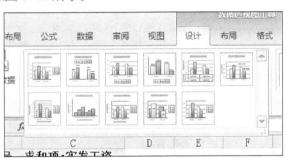

图 5-59　图表布局

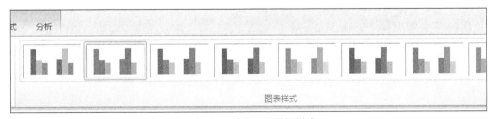

图 5-60　快速设置图标样式

（三）工作表的打印设置

工作表制作完成后需要打印输出，但是在打印工作表前，为确保打印效果，需要对工作表进行页面设置及打印预览等操作。

在当前工作表中单击"页面布局"选项卡，在该选项卡中可以看到"页面设置"组中有"页边距""纸张大小"和"打印标题"等选项卡。通过它们可根据需要对页面进行相应的设置，如图 5-61 所示。

视频：打印设置

图 5-61　页面布局

1．页面设置的基本概念

① 页边距：打印表格与纸张边界的距离。

② 纸张方向：表示表格在纸张中的排列方向。

③ 纸张大小：表示打印纸张的大小，常用的有 A4、B5 等。

2．纸张方向的设置

在Excel 2010中，用户可根据实际需要设置工作表所使用的纸张方向。用户可以通过两种方法进行设置。

图 5-62　纸张方向设置

打开 Excel 2010 的工作表窗口，切换到"页面布局"功能区，单击"页面布局"选项卡的"页面设置"组中的"纸张方向"按钮，可以调整打印纸张的方向，可以为"横向"也可以为"纵向"，如图 5-62 所示。

 小贴士

✔ 也可以使用其他方法：打开 Excel 2010 的工作表窗口，切换到"页面布局"功能区，在"页面设置"组中单击"显示页面设置"按钮，打开"页面设置"对话框，在"页面"选项卡中的单击"方向"中的"纵向"或者"横向"以完成纸张的方向设置，然后单击"确定"按钮即可。

3．纸张大小的设置

在Excel 2010中，用户可根据实际需要设置工作表所使用的纸张大小。用户可以通过以下方法进行设置。

打开 Excel 2010 的工作表窗口，切换到"页面布局"功能区，单击"页面布局"选项卡的"页面设置"组中的"纸张大小"按钮，在打开的列表中调整纸张大小，选择合适的纸张，可以选择默认的，也可以自定义纸张的宽度和高度，如图 5-63 所示。

 小贴士

也可以使用其他方法：打开 Excel 2010 的工作表窗口，切换到"页面布局"功能区，在"页面设置"分组中单击"显示页面设置"按钮，打开"页面设置"对话框，在"页面"选项卡中单击"纸张大小"的下拉按钮，在打开的纸张列表中选择合适的纸张，然后单击"确定"按钮即可。

图 5-63　纸张大小设置

4．页边距的设置

单击"页面布局"选项卡的"页面设置"组中的"页边距"按钮，可以设置页面距离纸张边缘的边距值，如果想进行更详细的设置，可以单击"页面设置"组中右下角的"功能扩展"按钮，打开"页面设置"对话框，在其中可对纸型、页边距等进行详细的设置，如图 5-64 所示。

5．设置打印的区域

在打印之前要先设置需要打印的区域，方法是选择要打印的单元格区域，单击"页面布局"选项卡的"页面设置"组中的"打印区域"按钮，如图 5-65 所示，在弹出的下拉菜单中选择"设置打印区域"命令，把已选择的单元格区域设置为打印区域。

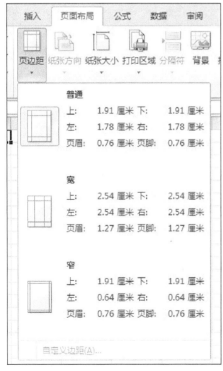

图 5-64　页边距设置

图 5-65　打印区域设置

6．打印预览

打印预览可以模仿显示打印机打印输出的效果。为了进一步确定设置效果是否符合要求，在打印之前，可以先通过打印预览查看打印效果，如图 5-66 所示。

图 5-66　"打印"选项卡

在 Excel 2010 中，直接单击"文件"标签，进入类似于以前 Excel 2003 的文件菜单。在这里，可以看到有一个"打印"项，而没有以前的"打印预览"项。单击"打印"按钮，可以看到在整个界面的右侧大约 60%的面积是需要打印的文章，在这里可以使用左侧的设置区域对需要打印的 Excel 2010 文档进行调整，若要预览下一页和上一页，可单击"打印预览"窗口底部的"下一页"和"上一页"命令，在预览中，用户可以配置所有类型的打印设置，例如，副本份数、打印机、页面范围、单面打印/双面打印、纵向、页面大小。用户还可以进行页边距的设置，Excel 2010 的页边距与 Word 2010 的页边距的调整方法是不一样的。在 Excel 2010 中，用户可以随意调整表格中每行的高低及每列的宽窄。在 Excel 2010 的打印功能中，用户会看到右下角有一个"显示边距"按钮，单击该按钮之后，在 Excel 2010 打印预览区域的表格中就出现了代表边距线的线条，从而可以像在 Excel 2003 中那样调整各单元格的大小。

7．打印输出

对工作表设置完成，并经预览得到满意效果后，就可以通过打印机打印表格了。打印时首先要单击工作表，再单击"文件"下的"打印"子菜单，也可以按"Ctrl+P"组合键，在打开的界面中可设置打印份数和选择打印机名称。

（1）如果需要设置打印选项，请执行下列操作。

① 如果需要更改打印机，应单击"打印机"的下拉列表，然后选择所需的打印机名称即可。

② 如果需要更改页面设置，包括更改页面方向、纸张大小和页边距，应在"设置"下选择所需选项。

③ 如果需要缩放整个工作表以适合单面打印页，应在"设置"中"缩放"选项下拉列表中单击所需选项。

（2）如果需要打印工作簿，应执行下列操作。

① 如果需要打印某个工作表的一部分，应单击该工作表，然后再选择要打印的数据区域。

② 如果需要打印整个工作表，首先要单击该工作表进行激活。

设置完成后单击"打印"按钮，即可打印表格。

五、任务实施

STEP 1 将"计算机应用基础（下册）/项目素材/项目 5/素材文件"目录下的"职工工资表"
打开，如图 5-67 所示。

序号	姓名	职称	基本工资	课时津贴	应扣社保	实发工资
\multicolumn{7}{c}{9月份职工工资表}
1	张红丽	教授	3000	1000	100	3900
2	孙华	副教授	2000	950	80	2870
3	张奇	讲师	1800	850	60	2590
4	王永红	教授	3000	1200	100	4100
5	王冰天	讲师	1800	750	60	2490
6	李楠	副教授	2000	980	80	2900
7	方丽娜	助讲	1600	650	50	2200
8	杨小格	副教授	2000	1100	80	3020
9	赵明	讲师	1800	1200	60	2940
10	吴江	讲师	1800	1050	60	2790

图 5-67　职工工资表

STEP 2 选中某个单元格后单击"插入"选项卡，如图 5-68 所示。

STEP 3 生成数据透视表，如图 5-69 所示，选择报表字段后效果如图 5-70 所示。

图 5-68　插入操作

图 5-69　生成数据透视表

图 5-70　数据透视表最终效果

 牛刀小试

制作图 5-71 所示的数据表，以其为数据源完成以下操作。

	A	B	C	D	E	F	G
1	员工一季度收入报表						
2	序号	姓名	部门	1月份	2月份	3月份	汇总
3	1	李品	销售部	2305	2256	3200	7761
4	2	李艳	销售部	1925	2580	3200	7705
5	3	王敏	后勤部	2090	1440	1035	4565
6	4	王文娱	生产部	2630	1860	2595	7085
7	5	周艳	化验部	1545	2330	2170	6045
8	6	赵磊	生产部	2495	1900	2045	6440
9	7	张世玉	生产部	2575	1400	2920	6895
10	8	张玉杰	后勤部	2840	2308	2280	7428
11	9	郭爱华	生产部	2352	1450	1630	5432
12	10	卢智	后勤部	1884	2045	1434	5363
13	11	李森	后勤部	1267	2390	2225	5882
14	12	张为民	生产部	2907	2100	2235	7242
15	13	张静	生产部	2400	2295	2130	6825
16	14	郭小铎	化验部	3280	2750	1350	7380

图 5-71　员工工资表

要求如下。

① 以季度报表为数据源创建数据透视表，透视表的标题为"工资分析表"，报表字段包含"部门""1月份""2月份"。

② 由数据透视表查询出"1月份"的最大值。

③ 数据透视表的样式为"数据透视表样式中等深浅 4"。

PowerPoint 2010 幻灯片制作

PowerPoint 是美国微软公司发布的 Office 2010 办公套装软件中的一个重要组成部分, 是一种演示文稿软件。它和 Office 2010 中的其他软件一样, 界面友好, 操作方便, 功能强大, 在设计制作多媒体课件方面得到了广泛的应用。利用它可以制作图文并茂、表现力和感染力极强的演示文稿, 并能通过计算机屏幕、幻灯片、投影仪或网络进行发布, 因此深受广大用户的喜爱。

教学目标

- 学会创建多种版式的幻灯片并对其编排;
- 掌握幻灯片的背景设置和模板的套用;
- 掌握简单图形的绘制及图文贯穿的运用;
- 熟悉超链接和多媒体技术的运用;
- 能够熟练设置幻灯片的动画效果和动画路径, 学会放映和打包。

PART 6

项目 6
掌握 PowerPoint 2010 的
基本操作

任务　我的第一张幻灯片

一、任务描述

北京×××计算机技术有限公司不仅仅重视培养高层次的技术人员，更重视培养优秀的销售人员。魏芳在该公司虽然才工作两年，但每个季度的销售量都名列前茅。公司总经理看到她的业绩出色，想邀请她为销售部的新进员工上一次培训课程，讲述销售技巧及方法。魏芳欣然答应，但培训课要在多媒体会议室进行，上课时必须准备演示文稿，这并没有难倒大学时主修计算机专业的她，她打开 PowerPoint 2010，准备制作一份漂亮的 PPT 课件，如图 6-1 所示。

图 6-1　培训课程演示文稿示例

二、任务分析

能够简明扼要地介绍销售理念、方法和技巧等。要求层次清楚，观点明确，措辞严谨。

三、任务目标

- 认识 PowerPoint 2010 的工作界面。
- 演示文稿的创建及保存方法。
- 幻灯片的插入和删除的方法。
- PowerPoint 2010 不同视图方式的应用。
- SmartArt 图形的应用。
- 在演示文稿中绘制图形的方法。
- 在演示文稿中插入图片的方法。

四、知识链接

（一）认识 PowerPoint 2010 的工作界面

PowerPoint 2010 的工作界面与早期版本的界面相比有了较大的变化。在 PowerPoint 2010 的工作界面中，传统的菜单栏和工具栏已被功能区所取代。功能区是为了满足用户需求而开发的。功能区将组织后的命令呈现在一组选项卡中。功能区上的选项卡显示的是与应用程序中每个任务区最相关的命令。

PowerPoint 2010 的工作界面如图 6-2 所示。

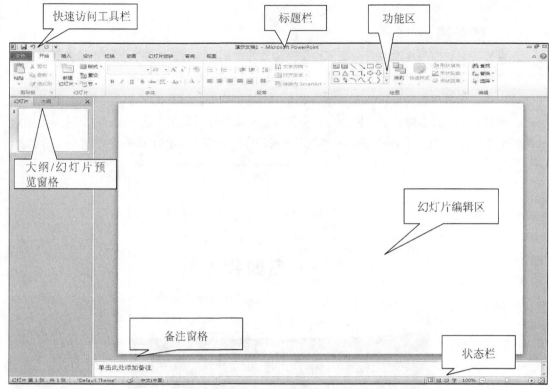

图 6-2　PowerPoint 2010 的工作界面

图 6-3　"文件"按钮的界面

1. "文件"按钮

"文件"按钮是 Power Point 2010 新增的功能按钮，在工作界面的左上角，单击"文件"按钮，可弹出快捷菜单，如图 6-3 所示。在该菜单中，用户可以利用其中的命令新建、打开、保存、打印、共享以及发布 PowerPoint 演示文稿。

2．快速访问工具栏

PowerPoint 2010 的"快速访问工具栏"中包含最常用的快捷按钮，以方便用户使用，并且它与早期版本的工具栏类似。默认有"保存""撤销"和"恢复"，单击它右侧的 ▾ 按钮可以自定义"快速访问工具栏"，如图 6-4 所示。

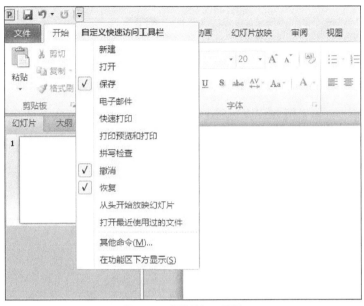

图 6-4　快速访问工具栏

3．标题栏

标题栏位于窗口的顶部，显示应用程序的名称和当前使用的演示文稿的名称，右端有"最小化""最大化/还原""关闭" 3 个按钮。

4．功能区

PowerPoint 2010 工作界面中的功能区将旧版本 PowerPoint 中的菜单栏与工具栏结合在一起，以选项卡的形式列出 PowerPoint 2010 的操作命令。在默认情况下，PowerPoint 2010 的功能区中的选项卡包括："开始""插入""切换""设计""动画""幻灯片放映""审阅""视图"，如图 6-5 所示。

图 6-5　功能区

5．幻灯片和大纲窗口

幻灯片和大纲窗口用于显示演示文稿中的所有幻灯片，该窗口包含"大纲"和"幻灯片"两个选项卡。"大纲"选项卡中显示各幻灯片的具体文本内容，"幻灯片"选项卡则显示各级幻灯片的缩略图，如图 6-6 所示。

图 6-6 "幻灯片"和"大纲"选项卡

6．幻灯片编辑窗口

其位于幻灯片编辑区下面，主要用于添加提示内容及注释信息。

7．状态栏

状态栏在窗口的最下一行，显示当前演示文稿的工作状态及常用参数，如图 6-7 所示。状态栏的左边显示当前的页数和总页数、幻灯片当前使用的主题等；在其右边，用户可以通过视图切换按钮快速设置幻灯片的视图模式，还可以通过幻灯片显示比例滑控杆控制幻灯片的视图比例。

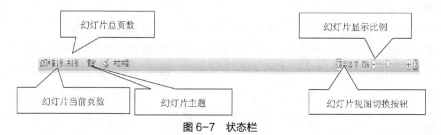

图 6-7 状态栏

（二）演示文稿的创建及保存方法

PowerPoint 2010 中，演示文稿和幻灯片是两个概念。使用 PowerPoint 2010 制作出来的整个文件叫作演示文稿，演示文稿中的每一页叫作幻灯片。一份演示文稿可以包含多张幻灯片，创建 PowerPoint 2010 演示文稿的方法很多，下面进行详细介绍。

视频：打开、新建、保存演示文稿

1．演示文稿的创建

创建演示文稿有以下四种常用的方法。

（1）通过"开始"菜单创建空白演示文稿。

① 启动 PowerPoint 2010 自动创建空演示文稿。选择"开始"→"所有程序"→"Microsoft Office"→"Microsoft Office PowerPoint 2010"命令，即可启动 PowerPoint 2010，如图 6-8 所示。

图 6-8　启动 PowerPoint 2010

② 系统将自动建立一个名为"演示文稿 1"的空白演示文稿。

（2）使用"文件"选项卡创建空白演示文稿。

① 单击"文件"选项卡，在下拉菜单中选择"新建"命令，打开"新建演示文稿"对话框，如图 6-9 所示。

② 在"可用的模板和主题"中选择"空白演示文稿"，再单击"创建"按钮，即可新建一个空白演示文稿。

（3）通过"快速访问工具栏"创建。

① 单击"自定义快速访问工具栏"后面的下拉按钮，选择"新建"命令，如图 6-10 所示。

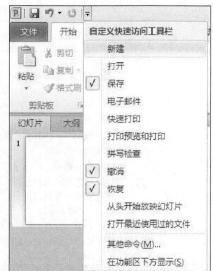

图6-9　"新建演示文稿"对话框　　　　　　　　图6-10　自定义快速访问工具栏

②　在"快速访问工具栏"中添加"新建"按钮,如图6-11所示,单击该按钮即可新建演示文稿。

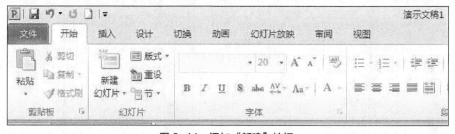

图6-11　添加"新建"按钮

（4）通过"Ctrl+N"组合键也可创建新的空白演示文稿。

2．演示文稿的保存及关闭

制作完演示文稿后需要保存该演示文稿。保存演示文稿既可以按原来的文件名存盘,也可以取新名字存盘。

（1）保存新建的演示文稿。

①　选择"文件"选项卡中的"保存"按钮,或者按"Ctrl+S"组合键,弹出图6-12所示的"另存为"对话框。

②　在对话框中,选择要保存的位置,设置要保存的文件名称以及要保存的文件类型。

（2）保存已有的演示文稿。

①　新演示文稿经过一次保存或者以前保存的演示文稿重新修改后,可单击"文件"菜单中的"保存"命令保存修改后的演示文稿。

②　可直接单击"快速访问工具栏"的■按钮,或者按"Ctrl+S"组合键,或者单击"文件"选项卡中的"保存"命令,都可以保存修改后的演示文稿。

图 6-12 "另存为"对话框

（3）另存为演示文稿。在对演示文稿进行编辑时，为了不影响原演示文稿的内容，可以给原演示文稿保存一份副本。单击"文件"选项卡的"另存为"命令，在"另存为"对话框中，选择保存文档副本的位置和名称后，单击"保存"按钮，即可为该文档保存一份副本文件。

（4）关闭演示文稿。保存演示文稿后，用户可以通过以下方式关闭当前的演示文稿。

① 直接单击窗口右上方的"关闭"按钮。

② 双击"自定义快捷访问工具栏"内的应用程序图标 。

③ 选择"文件"选项卡中的"关闭"命令。

④ 选择"文件"选项卡中的"退出"命令。

⑤ 右键单击文档窗口的标题栏，执行"关闭"命令。

（三）幻灯片的插入和删除的方法

新建的演示文稿中只有一张标题幻灯片，如果需要制作更多的幻灯片，就要插入新的幻灯片，而对于不需要的幻灯片，则可以将其删除。

1．插入幻灯片

（1）通过"幻灯片"组插入幻灯片。在幻灯片窗格中选择默认的幻灯片，然后在"开始"选项卡中，单击"幻灯片"组中的"新建幻灯片"下拉按钮，例如，选择"标题和内容"即可插入一张新的幻灯片，如图 6-13 所示。

视频：幻灯片的
插入和删除

（2）通过单击鼠标右键插入幻灯片。选择幻灯片预览窗格中的某一幻灯片，选中插入的位置，然后单击鼠标右键，在弹出的快捷菜单中选择"新建幻灯片"命令，即可在选择的幻灯片后面插入一张幻灯片。

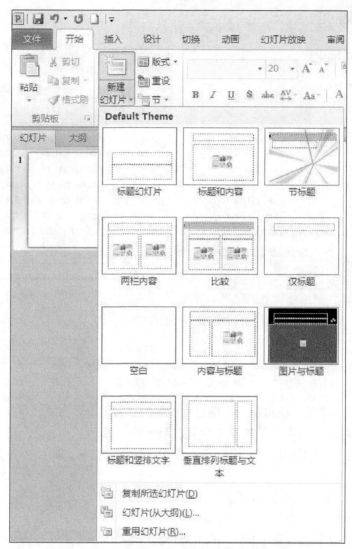

图6-13 "新建幻灯片"中的"标题和内容"按钮

2．删除幻灯片

删除演示文稿中的幻灯片有两种方法：

方法一：选择要删除的幻灯片，单击鼠标右键，在弹出的快捷菜单中选择"删除幻灯片"命令即可。

方法二：选择要删除的幻灯片，按 Delete 键即可。

（四）PowerPoint 2010 不同视图方式的应用

PowerPoint 2010 文稿视图包括普通视图、幻灯片浏览视图、备注页视图和阅读视图 4 种，用户可以选择"视图"选项卡，在"演示文稿视图"组中进行视图之间的切换，如图 6-14 所示。

1．普通视图

PowerPoint 2010 启动后打开的是普通视图，它是系统默认的视图模式。普通视图主要用来编辑幻灯片的总体结构。在此视图下，窗口分为左右两侧，左侧是幻灯片和大纲窗口；右侧又可以分为上下两边，上边是幻灯片编辑窗口，下边是备注窗口，如图 6-15 所示。

图 6-14　视图方式的切换

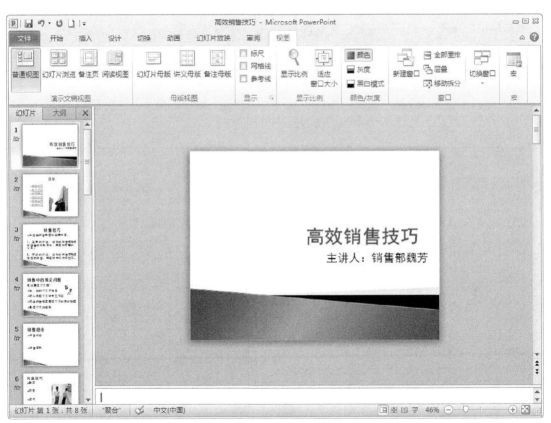

图 6-15　普通视图

2．幻灯片浏览视图

幻灯片浏览视图是以缩略图的形式显示幻灯片内容的一种视图方式。通过该视图，用户可以方便地查看幻灯片的内容以及调整幻灯片的排列结构。用户可以单击"演示文稿视图"组中的"幻灯片浏览"按钮，即可切换至幻灯片浏览视图，如图 6-16 所示。

图6-16　幻灯片浏览视图

3．备注页视图

用户可以单击演示文稿"视图"组中的"备注页"按钮，即可切换至备注页视图，如图6-17所示。

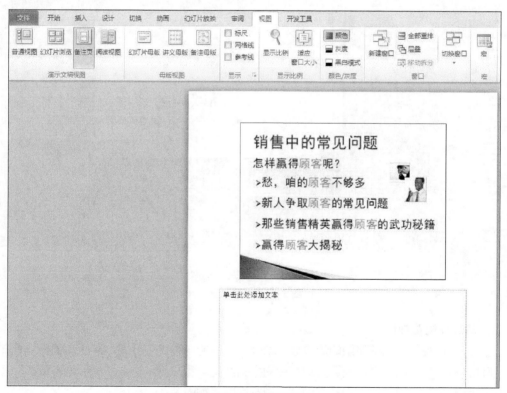

图6-17　备注页视图方式

4．阅读视图

在阅读视图下，用户可以浏览幻灯片的最终效果。单击"视图"→"阅读视图"命令或者按 F5 键，即可切换至该视图。此时用户可以看到演示文稿中所有的演示效果，如图片、形状、动画效果及切换效果等，如图 6-18 所示。

图 6-18　切换"阅读视图"

（五）SmartArt 图形的应用

SmartArt 图形是信息和观点的视觉表示形式。用户可以选择不同的布局来创建 SmartArt 图形，从而快速、轻松、有效地传达信息。

视频：Smartart
图形的插入和
修改

1．创建 SmartArt 图形

创建 SmartArt 图形时，可以看到 SmartArt 的图形类型，如"流程""层次结构"或"关系"等。每种类型包含几个不同的布局。选择了一个布局之后，可以很容易地更改 SmartArt 图形的布局。新布局将自动保留大部分文字和其他内容以及颜色、样式、效果和文本格式。

（1）单击"插入"选项卡的"插图"组中的"SmartArt"，出现图 6-19 所示的"选择 SmartArt 图形"对话框，单击所需的类型和布局。

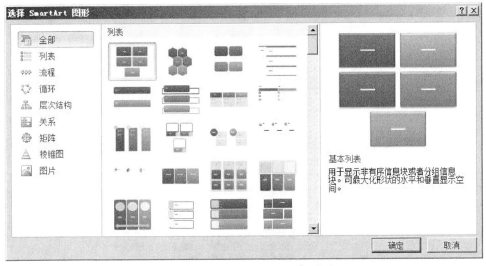

图 6-19　"选择 SmartArt 图形"对话框

（2）选择"层次结构"中的组织结构图，然后输入所需的文本，如图 6-20 所示。

2．SmartArt 图形的更改

在创建 SmartArt 图形之后，可以对其进行更改。单击 SmartArt 图形，将弹出"设计"选项卡和"格式"选项卡。通过这两个选项卡，可以对 SmartArt 图形进行设计和格式方面的修改。

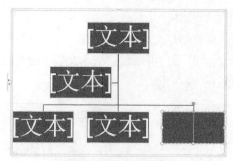

图 6-20 组织结构图

（1）更改 SmartArt 的图形布局。单击 SmartArt 图形，再单击 "SmartArt 工具" 中的 "设计" 选项卡，在 "布局" 组中单击其下拉按钮，就可以看到要修改的布局，如图 6-21 所示。

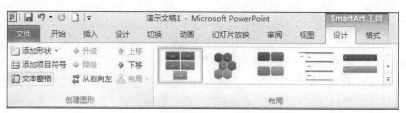

图 6-21 更改 SmartArt 图形的布局

（2）SmartArt 图形颜色的更改。选中 SmartArt 图形，单击 "SmartArt 工具" 中的 "设计" 选项卡，选择下面的 "SmartArt 样式" 组中的 "更改颜色"，如图 6-22 所示。

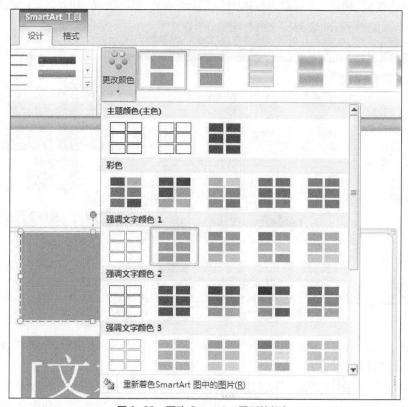

图 6-22 更改 SmartArt 图形的颜色

（3）SmartArt 图形样式的更改。单击要更改的 SmartArt 图形，然后再单击"SmartArt 工具"中的"设计"选项卡，选择需要使用的样式，如图 6-23 所示。

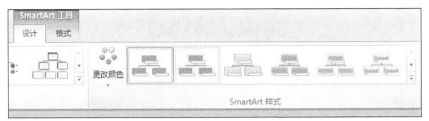

图 6-23　更改 SmartArt 图形样式

（4）SmartArt 图形中形状格式的更改。单击要修改的 SmartArt 图形中的形状，选择"SmartArt 工具"中的"格式"选项卡，其下有"形状""形状样式""艺术字样式""排列"和"大小"选项，可以选择不同的选项对 SmartArt 图形中的形状格式进行更改，如图 6-24 所示。

图 6-24　SmartArt 图形中形状格式的更改

3．把幻灯片文本转换为 SmartArt 图形

把幻灯片文本转换为 SmartArt 图形就是将现有的幻灯片转换为专业设计的插图。如：通过一次单击，可以将"高级销售技巧简介"中的"销售过程"幻灯片转换为 SmartArt 图形。

（1）单击幻灯片文本的占位符，如图 6-25 所示。

（2）单击"开始"选项卡的"段落"中的"转换为 SmartArt"按钮，如图 6-26 所示。

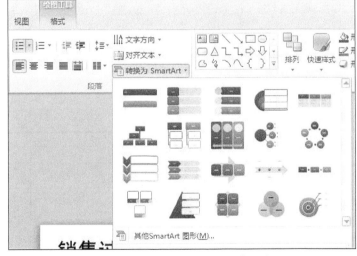

图 6-25　要转换的文本内容　　　　　　图 6-26　"转换为 SmartArt"列表

（3）选择所需要的 SmartArt 图形布局，例如选择第三行的第三个，转换结果如图 6-27 所示。

图 6-27　转换后的 SmartArt 图形效果

（六）在演示文稿中插入形状

用户可以在演示文稿中添加一个形状或者合并多个形状从而生成一个更为复杂的图形。能够使用的形状有线条、矩形、基本形状、箭头总汇、公式形状、流程图、星与旗帜、标注和动作按钮。添加形状后，可以在其中添加文字、项目符号、编号和快速样式。

视频：插入形状和图像

1. 插入形状

（1）单击"插入"选项卡中的"形状"按钮，选择要插入的形状，如图 6-28 所示，接着单击演示文稿编辑文档区的任意位置，然后拖动放置形状。如添加一个箭头形状和矩形框，并且做出图 6-29 所示的效果。

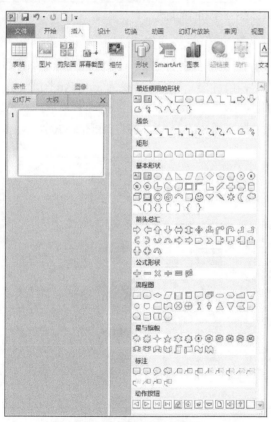

图 6-28　选择插入的形状

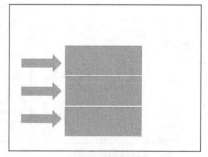

图 6-29　插入多个形状的效果

（2）选择形状，单击鼠标右键，在弹出的菜单中选择编辑文字，添加文字后的效果如图 6-30 所示。

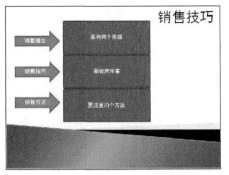

图 6-30　编辑文字后的效果

2．修改形状

选中要修改的形状，在"绘图工具"中选择"格式"选项卡，利用"格式"选项卡可以对形状样式、艺术字样式进行修改以及美化，如图 6-31 所示。

图 6-31　"格式"选项卡

（七）插入图片

图片的插入分为插入剪贴画和插入来自文件的图片两种。

1．插入剪贴画

剪贴画是一种矢量图形，统一保存在"剪贴画库"中。PowerPoint 2010 附带的剪贴画库非常丰富，全部经过专业设计，可以随时查看并插入到幻灯片的任意位置。

（1）单击"插入"选项卡中"图像"组中的"剪贴画"按钮，如图 6-32 所示。

图 6-32　选择"图像"组中的"剪贴画"按钮

图 6-33　"剪贴画"任务窗格

（2）打开"剪贴画"任务窗格，如图 6-33 所示，设置好"搜索范围"和"结果类型"后单击"搜索"按钮。

2．插入来自文件的图片

用户除了可以插入 PowerPoint 2010 中附带的剪贴画之外，还可以插入其他图片（.bmp、.jpg、.png、.jpeg 等格式）。

（1）选择要插入图片的幻灯片，单击"插入"选项卡中"图像"组中的"图片"按钮，打开"插入图片"对话框。

（2）选择要插入的图片，单击"插入"即可将图片插入到幻灯片中，并将其调整至合适的位置和大小。

3．插入屏幕截图

（1）选中要插入图片的幻灯片，单击"插入"选项卡中"图像"组中的"屏幕截图"按钮，会弹出"可用视图"选项，选择需要屏幕截图的视图，如图 6-34 所示。

（2）选择要屏幕截屏的视图，就会把截取的图像直接显示在当前的幻灯片中。

4．插入相册图片

（1）选中要插入图片的幻灯片，单击"插入"→"图像"→"相册"命令，会弹出"相册"对话框，如图 6-35 所示。

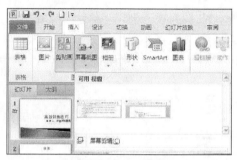

图 6-34　插入屏幕截图

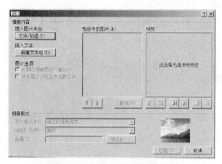

图 6-35　"相册"对话框设置

（2）在"相册"对话框中，单击"插入图片来自"下面的"文件/磁盘"，弹出"插入新图片"对话框，如图 6-36 所示。

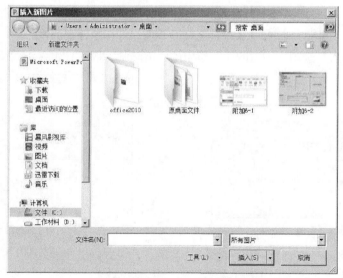

图 6-36　选择要插入的相册图片

五、任务实施

STEP 1 启动 PowerPoint 2010，选择"文件"→"新建"命令，创建一个空白演示文档。

STEP 2 将"输入"切换成中文输入法，输入文档标题"高效销售技巧"，如图 6-37 所示。

STEP 3 单击"单击此处添加副标题"，为当前文档添加副标题，如图 6-38 所示。

STEP 4 在幻灯片窗格预览窗口空白处，单击鼠标右键，选择"新建幻灯片"命令，即可创建一张新幻灯片，如图6-39所示。

STEP 5 在新增的幻灯片中，单击"单击此处添加标题"，为当前页添加标题，单击"单击此处添加文本"，为当前页添加正文信息。

图6-37 输入文档标题

图6-38 为文档添加副标题

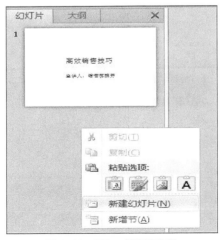

图6-39 添加一张新幻灯片

STEP 6 单击"插入"→"SmartArt"命令，在"选择 SmartArt 图形"对话框中选择合适的图形，单击"确定"按钮，如图 6-40 所示。

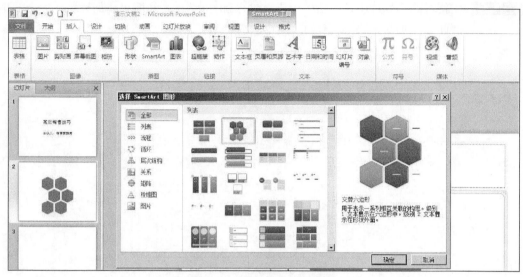

图 6-40　插入 SmartArt 图形

STEP 7 在插入 SmartArt 图形之后，可以编辑图形中的"文本"，同时使用"SmartArt 工具"中"设计"选项卡中的"布局"和"SmartArt 样式"更改 SmartArt 布局设计和颜色等，如图 6-41 所示。

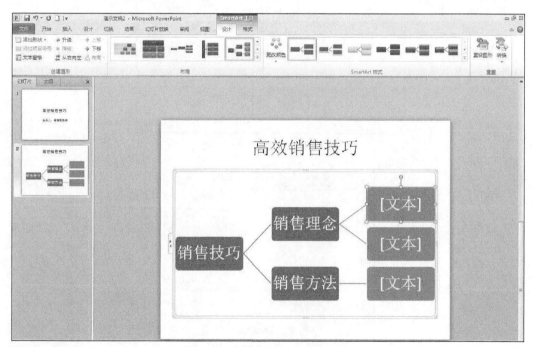

图 6-41　更改 SmartArt 图形设计

STEP 8 单击"插入"→"图片"命令，插入已有图片，如图 6-42 所示。
STEP 9 保存文档，保存名称为"高效销售技巧"。

图 6-42 插入图片

 牛刀小试

（1）制作第一张幻灯片，如图 6-43 所示。

图 6-43 第一张幻灯片

① 打开"Microsoft PowerPoint 2010"，新建一个空白的演示文稿。

② 选择图 6-43 所示的主题。

③ 题目为"我的大学"，字体为宋体，字号为 54 号，内容有"学院名称""学院地址""建

校时间"等，具体的内容根据实际情况进行填写。

④ 将"学院名称"一项设为楷体、32 号，将"学院地址"一项设为隶书、32 号；将"建校时间"一项设为宋体、32 号，将字体颜色设为黑色。

（2）制作第二张幻灯片。

① 新建幻灯片，制作第二张幻灯片，题目为"我的专业及所学的课程"，字体为宋体，字号为 44 号，插入一个 SmartArt 图形，如图 6-44 所示。

② 在 SmartArt 图形中选择"层次结构"中的"组织结构图"，将图形颜色设为"主题颜色深色 2 填充"，并编辑图 6-44 所示的文字，更改样式为"鸟瞰场景"样式，将图形中文字的大小设为 20 号，颜色设为蓝色。

（3）制作第三张幻灯片，如图 6-45 所示。

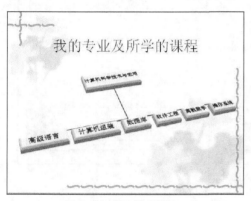

图 6-44　第二张幻灯片

图 6-45　第三张幻灯片

① 新建第三张幻灯片，设置标题为"我的老师"，字体为宋体，字号为 44 号。

② 插入剪贴画，即图 6-45 所示的老师，调整到合适的位置。

③ 插入一个形状，并编辑文字，字体为宋体，字号为 24 号，字体颜色为黑色，形状的样式为"彩色填充-浅蓝，强调颜色 1"。

④ 插入一个竖排文本框，输入图 6-45 所示的文字，字体为宋体，字号为 28 号。

（4）制作第四张幻灯片，如图 6-46 所示。

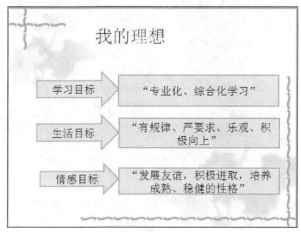

图 6-46　第四张幻灯片

① 新建幻灯片，标题为"我的理想"，字体为宋体，字号44号。

② 插入图6-46所示的箭头和矩形框，并编辑文字，字体为宋体，字号为28号。

（5）制作第五张幻灯片，如图6-47所示。

① 新建幻灯片，标题为"我的理想"，字体为宋体，字号44号。

② 添加文本，如图6-47所示。

③ 将图6-47所示的内容转换为SmartArt图形，如图6-48所示。

④ 保存这四张幻灯片，并将其命名为"我的大学"。

⑤ 关闭演示文稿。

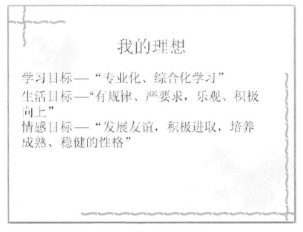

图6-47　原始幻灯片

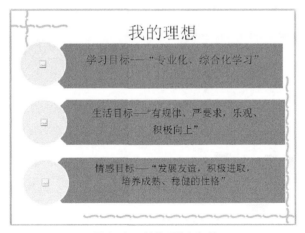

图6-48　转换后的幻灯片

任务　创建毕业设计答辩文稿

一、任务描述

刘之林马上要毕业了，在毕业论文答辩时，要求必须创作一幅演示文稿。在演示文稿中，要介绍自己论文的题目、选题意义、研究对象、研究方法和研究结果等内容。刘之林利用所学知识，制作了一份毕业论文答辩演示文稿。

二、任务分析

毕业论文答辩时，需要体现出论文的选题意义、研究的对象、方法和结果。要求演示文稿观点明确，美观大方，措辞严谨。

三、任务目标

视频：演示文稿
的美化

- 在幻灯片中插入日期时间、页眉页脚和幻灯片编号等的方法。
- 在幻灯片中插入文本框、艺术字的方法。
- 幻灯片主题的设置。
- 幻灯片版式的设置。
- 幻灯片的配色方案及背景的设置。

四、知识链接

（一）在幻灯片中插入日期时间、页眉页脚和幻灯片编号等的方法

1．插入日期和时间

在 PPT 中可以快速插入当前日期时间，并实时更新。

（1）在幻灯片中定位插入时间的地方。单击"插入"→"文本"选项组→"日期和时间"命令。打开"日期和时间"对话框，从中选择合适的格式，如图 7-1 所示。

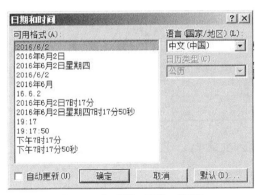

图 7-1　"日期和时间"对话框

（2）当需要实时更新日期时，勾选"自动更新"复选框。

2．插入页眉页脚

（1）定位插入页眉或页脚的位置，单击"插入"→"文本"选项组→"页眉和页脚"命令，打开"页眉和页脚"对话框，从中选择合适的格式，如图 7-2 所示。

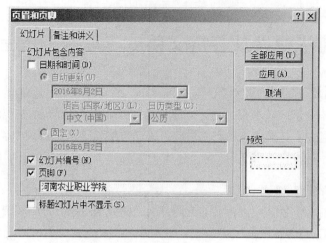

图 7-2 "页眉和页脚"对话框

（2）设置好之后，单击"全部应用"按钮。

3．插入幻灯片编号

（1）定位插入幻灯片编号的位置，单击"插入"→"文本"选项组→"幻灯片编号"命令。

（2）在弹出的"页眉和页脚"对话框中勾选"幻灯片编号"，如图 7-3 所示。

（3）设置好之后，单击"全部应用"按钮。

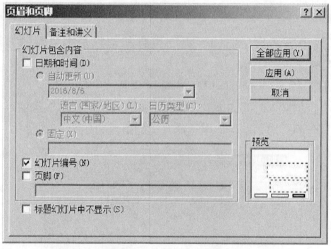

图 7-3　插入幻灯片编号

（二）在幻灯片中插入文本框、艺术字的方法

在幻灯片中添加文字是非常必要的。为了让插入的文字体现出创意，全面提升幻灯片的质量，就不仅仅要插入文字，还要对这些文字进行格式设置和色彩搭配，从而让人有耳目一新的感觉。

1．插入文本框

（1）选中要插入的幻灯片，单击"插入"→"文本"选项组→"文本框"→"横排文本框"或"垂直文本框"命令，如图 7-4 所示。

图 7-4　插入文本框

（2）在选中的幻灯片上单击，就会出现一个文本框，在文本框内输入要插入的文本，如图 7-5 所示。并可以通过"开始"选项卡中的"字体"选项组对文本框中的文字设置格式，如图 7-6 所示。

图 7-5　插入的垂直文本框

图 7-6　对文本框中的文字设置格式

2．插入艺术字

（1）选中要插入艺术字的幻灯片，单击"插入"→"文本"选项组→"艺术字"命令，会弹出艺术字的字样，如图 7-7 所示。

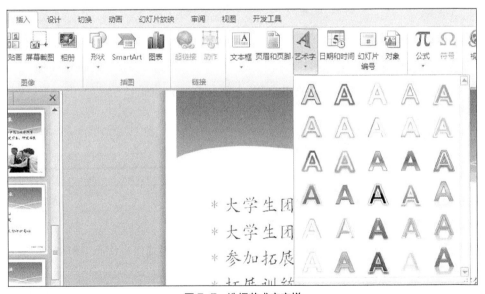

图 7-7　选择艺术字字样

（2）单击其中一种，就会在幻灯片中出现艺术字文本框，在文本框中输入文字，如图 7-8 所示。

图 7-8　艺术字内容

（3）在艺术字上，单击鼠标右键，在弹出的快捷菜单中选择"设置文字效果格式"命令，会弹出"设置文本效果格式"窗口，如图 7-9 所示。

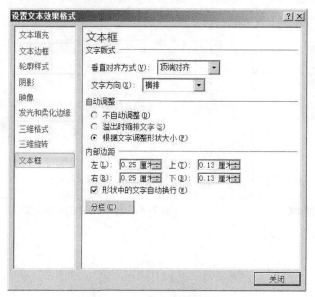

图 7-9　设置文本效果格式

（4）在"设置文本效果格式"对话框中，根据实际需要，可以对艺术字的三维格式、文本填充、三维旋转等进行设置。设置后的效果如图 7-10 所示。

图 7-10　艺术字设置效果

（三）幻灯片主题的设置

幻灯片的主题是指对幻灯片中的标题、文字、图表、背景项目设定的一组配置。该配置主要包含主题颜色、主题字体和主题效果。

主题可以作为一套独立的选择方案被应用于文件中。套用主题样式可以帮助用户更快捷地指定幻灯片的样式、颜色等。

（1）选择需要应用主题的幻灯片，并选择"设计"选项卡，单击"主题"选项组中所需的主题，如图 7-11 所示。

图 7-11　主题设置

（2）如果所需要的主题没有在工具栏上显示，可以单击"主题"选项组中的 ▾ 按钮从文件中浏览主题，如图 7-12 所示，也可以在网上下载适合自己的主题。

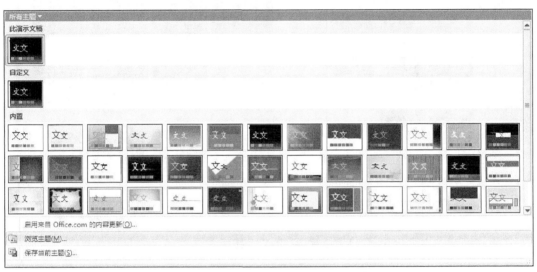

图 7-12　浏览主题

（3）另外，右键单击"主题"区域的主题列表中要应用的主题样式，即可在弹出的快捷菜单中指定应用所选主题的方式，如图 7-13 所示。

图 7-13　通过鼠标右键单击选择应用方式

（四）幻灯片版式的设置

选择幻灯片版式，可以调整幻灯片中内容的排版方式，并将需要的版式运用到相应的幻灯片中。在 PowerPoint 2010 中打开空白演示文稿时，将显示名为"标题幻灯片"的默认版式。

设置幻灯片的版式主要有以下三种方法：

（1）在"开始"选项卡中，单击"幻灯片"组中的"新建幻灯片"下拉按钮，在展开的列表中选择要应用的幻灯片版式即可，如图 7-14 所示。

（2）在"开始"选项卡的"幻灯片"组中，单击"版式"按钮，如图 7-15 所示。

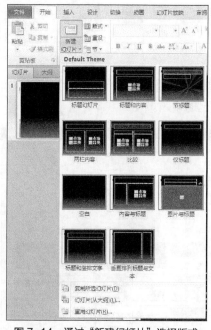

图 7-14　通过"新建幻灯片"选择版式

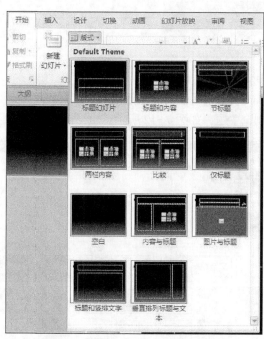

图 7-15　选择"版式"中的设计方案

在版式区域中主要提供了 11 种幻灯片版式，其版式名称和内容见表 7-1。

表 7-1　PowerPoint 2010 的版式及功能表

版式名称	包含内容
标题幻灯片	标题占位符和副标题占位符
标题和内容	标题占位符和正文占位符
节标题	文本占位符和标题占位符
两栏内容	标题占位符和两个正文占位符
比较	标题占位符、两个文本占位符和两个正文占位符
仅标题	仅标题占位符
空白	空白幻灯片
内容与标题	标题占位符、文本占位符和正文占位符
图片与标题	图片占位符、标题占位符和正文占位符
标题和竖排文字	标题占位符和竖排文本占位符
垂直排列标题与文本	竖排标题占位符和竖排文本占位符

如果是首张幻灯片，则设置版式为"标题幻灯片"；如果是普通幻灯片，则根据需要选择其他版式。

（3）选中要设置版式的幻灯片，右键单击"版式"，同样会出现所有的版式，然后根据需要选择版式即可，如图 7-16 所示。

图 7-16　单击右键选择"版式"

（五）幻灯片的配色方案及背景的设置

1．幻灯片配色方案的设置

幻灯片主题的色彩效果，还可以通过幻灯片配色方案进行设置，PowerPoint 2010 提供了多种标准的配色方案。

（1）选择要设置配色方案的幻灯片，单击"设计"选项卡，在"主题"组中单击"颜色"按钮，如图 7-17 所示。

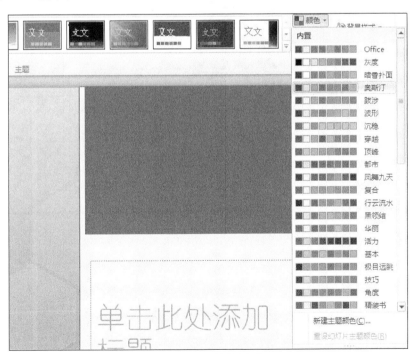

图 7-17　设置主题颜色

（2）还可以选择图 7-17 所示的"新建主题颜色"，对主题颜色进行自定义。

2．幻灯片背景的设置

幻灯片的背景对整个演示文稿的美观与否起着至关重要的作用，用户可根据需要应用 PowerPoint 2010 内置背景样式，也可自定义背景样式。

（1）应用 PowerPoint 2010 内置背景样式。单击"设计"→"背景"→"背景样式"命令，在弹出的下拉列表中选择背景样式即可，如图 7-18 所示。

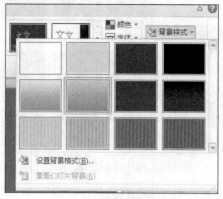

图 7-18　设置背景样式

（2）自定义背景样式。若用户对配置的背景样式不满意，可以自定义背景样式。在背景列表中选择"设置背景格式"命令，打开图 7-19 所示的对话框，在该对话框中自定义背景样式即可。用户可以通过它为幻灯片添加图案、纹理、图片或背景颜色。

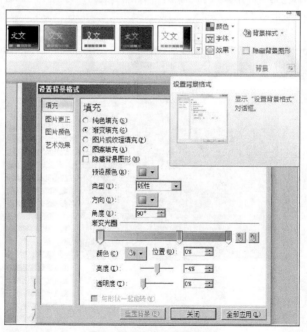

图 7-19　自定义背景样式

五、任务实施

STEP 1 启动 PowerPoint 2010，选择"文件"→"新建"命令，创建一个空白演示文档。

STEP 2 将"输入法"切换成中文输入法，输入文档标题"15 级毕业生论文答辩"，并输入副标题和相关个人信息，如图 7-20 所示。

图 7-20　输入标题

STEP 3 单击"设计"→"主题"命令，选择合适的主题效果，效果如图 7-21 所示。

图 7-21　修改主题

STEP 4 在幻灯片窗格预览窗口空白处单击鼠标右键，选择"新建幻灯片"命令，会创建
一张新幻灯片，输入相关信息，如图 7-22 所示。

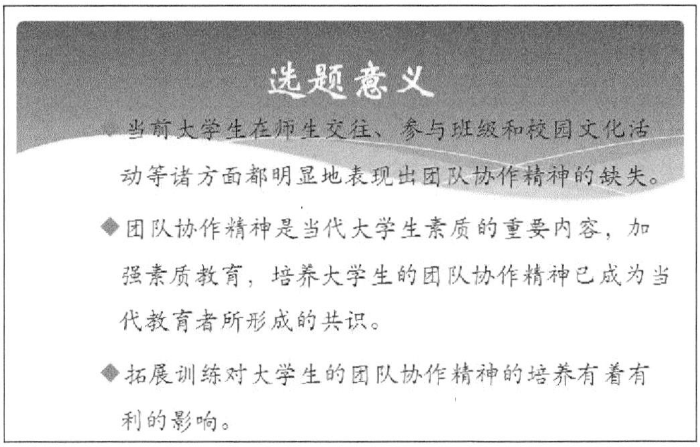

选题意义

当前大学生在师生交往、参与班级和校园文化活
动等诸方面都明显地表现出团队协作精神的缺失。

◆ 团队协作精神是当代大学生素质的重要内容，加
强素质教育，培养大学生的团队协作精神已成为当
代教育者所形成的共识。

◆ 拓展训练对大学生的团队协作精神的培养有着有
利的影响。

图 7-22　建立新幻灯片

STEP 5 单击"插入"→"文本"→"页眉和页脚"命令，在"页眉和页脚"对话框中设置相关信息，设置效果如图 7-23 所示。

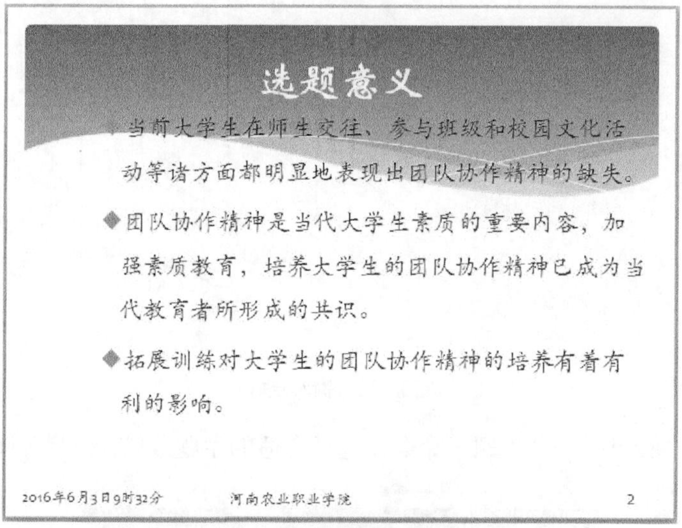

图 7-23　设置页眉和页脚

STEP 6 单击"插入"→"插图"→"图片"命令，可以在文档中插入图片，效果如图 7-24 所示。

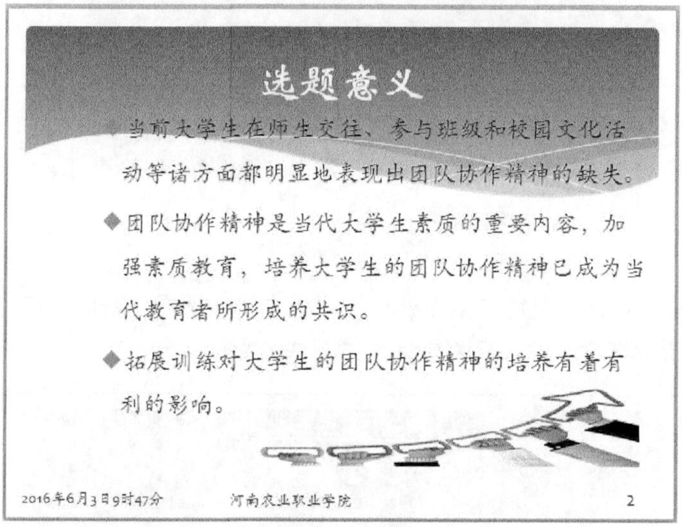

图 7-24　插入图片

STEP 7 在幻灯片窗格预览窗口空白处单击鼠标右键，选择"新建幻灯片"命令，会创建一张新幻灯片，输入相关信息，效果如图 7-25 所示。

STEP 8 在幻灯片窗格预览窗口空白处单击鼠标右键，选择"新建幻灯片"命令，会创建一张新幻灯片，单击"插入"→"插图"→"SmartArt"命令，并修改图形中的文本，制作效果如图 7-26 所示。

STEP 9 保存演示文档，保存名称为"15 级毕业生论文答辩"。

图 7-25　设计新幻灯片

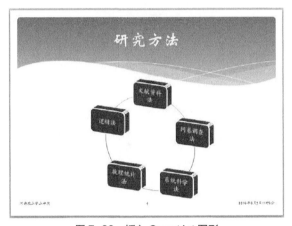

图 7-26　插入 SmartArt 图形

 牛刀小试

（1）制作第一张幻灯片，如图 7-27 所示。

图 7-27　第一张幻灯片

① 打开"Microsoft PowerPoint 2010"，新建一个空白的演示文稿。

② 选择图 7-27 所示的主题。

③ 题目为"万象员工到岗基本培训"，字体为华文新魏，字号为 44 号，并将文字加粗。

④ 设置副标题，内容为"主讲人""时间"，同时将副标题的字体设为宋体、字号为 32 号，进行加粗设置。

（2）制作第二张幻灯片。

① 新建幻灯片，制作第二张幻灯片，题目为"企业规模"，字体为微软雅黑，字号为 44 号，插入一个 SmartArt 图形，如图 7-28 所示。

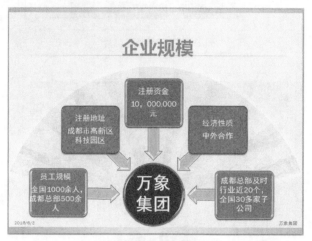

图 7-28　第二张幻灯片

② 在 SmartArt 图形中选择"关系"中的"聚合射线"，将图形颜色设为"强调文字颜色 1"，并编辑图 7-28 所示的文字，更改样式为"卡通"样式，将图形中文字的大小设为 20 号，颜色设为白色。

③ 插入页眉和页脚。在文档左下角插入日期和时间，并设置为自动更新。勾选"幻灯片编号"和"页脚"，并设置页脚为"万象集团"，同时勾选"标题幻灯片中不显示"。

④ 单击"全部应用"。

（3）制作第三张幻灯片，如图 7-29 所示。

图 7-29　第三张幻灯片

① 新建第三张幻灯片，设置标题为"培训内容"，字体为微软雅黑，字号为44号。

② 插入剪贴画，即图7-29所示的员工，调整到合适的位置。

③ 插入一个横排文本框，输入图 7-29 所示的文字，字体为黑体，字号为 20 号。设置图7-29所示的项目符号。

（4）制作第四张幻灯片，如图7-30所示。

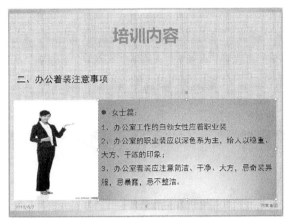

图7-30　第四张幻灯片

① 新建幻灯片，标题为"培训内容"，字体为微软雅黑，字号44号。

② 插入图 7-30 所示的文本框，并编辑文字，字体为黑体，字号分别为 28 和 20 号，其中将"女士篇"添加图 7-30 所示的项目符号，并修改文字颜色为红色。

③ 插入图 7-30 所示的图片，并调整其位置和大小。

④ 设置幻灯片背景格式为"图片或纹理填充"，选择图 7-30 所示的纹理。

⑤ 保存这四张幻灯片，并将其命名为"我的大学"。

⑥ 关闭演示文稿。

项目 8
演示文稿的高级设置

任务1 公司简介

一、任务描述

刘经理准备去学校招聘，就让秘书小王制作了一份如图 8-1 所示的公司简介。刘经理期望在整个 PPT 演示过程中，学生能用更多的时间关注幻灯片的内容，关注自己公司各方面的情况，学生能获取更多的信息量，就会让自己的公司多一份知名度，增强公司的关注度。

图 8-1 公司简介

二、任务分析

公司招聘的时候，往往要向毕业生介绍自己公司的基本情况、公司文化等各方面的信息，需要让毕业生能够从简介中了解到公司的方方面面，因此要求演示文档层次清楚、观点明确、措辞严谨。

三、任务目标

- 幻灯片切换的方法与技巧。
- 幻灯片动画制作的技巧。
- 自定义动画。

四、知识链接

（一）幻灯片切换的方法与技巧

在对幻灯片进行播放时，用户可以为幻灯片之间的切换设置动态效果，增加恰当的幻灯片切换效果可以让整个放映过程体现出一种连贯感，使整个演示文稿的播放更加生动形象，还能让人们更加集中精力观看。在设置过程中，还可以为切换效果添加声音并设置切换速度等。常用的主要有"平淡划出""从全黑淡出""切出""溶解"等。

视频：幻灯片的
切换

1．设置幻灯片的切换效果

（1）选择要设置切换效果的幻灯片，单击"切换"选项卡，在"切换到此幻灯片"组中，单击选中的切换方式，如"棋盘"，如图 8-2 所示。

图 8-2　选择切换方式

（2）选择要切换的效果后，还可单击"效果选项"下拉按钮，选择需要的切换效果的方式，如图 8-3 所示。

图 8-3　效果选项设置切换方式

（3）若要在演示文稿的所有幻灯片中应用相同的幻灯片切换效果，只需在"切换"选项卡的"计时"选项组中单击"全部应用"按钮即可，如图 8-4 所示。

图 8-4　对所有幻灯片设置切换效果

2．设置幻灯片的切换声音

要为幻灯片设置切换时的声音。首先选择该幻灯片，并在"切换"选项卡中单击"计时"组中的"声音"下拉按钮，选择要添加的声音如"箭头"，即可完成幻灯片切换时的声音的设置，如图 8-5 所示。

3．设置切换效果的计时

（1）如果要设置上一张幻灯片与当前幻灯片之间的切换效果的持续时间，应在"切换"选项卡的"计时"选项组的"持续时间"框中，输入或选择所需的速度。

（2）如果要指定当前幻灯片在多长时间后切换到下一张幻灯片，应执行以下步骤。

① 若要在单击鼠标时切换幻灯片，则在"切换"选项卡的"计时"组中，启用"单击鼠标时"复选框。

② 若要在经过指定时间后切换幻灯片，则在"切换"选项卡的"计时"组中，启用"设置自动换片时间"复选框，并在其后的文本框中输入所需的秒数，如图 8-6 所示。

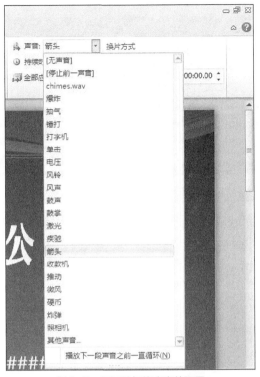

图 8-5　幻灯片切换声音的设置

图 8-6　设置切换效果的计时

（二）幻灯片动画制作的技巧

在 PowerPoint 2010 中，除了能为幻灯片设置切换动画外，还可以为幻灯片内的对象进行动画设置。在 PowerPoint 2010 中可以实现各种各样的动画效果，用户可以为幻灯片中的文本段落设置动画，也可以为幻灯片中的图形、表格等设置动画，而且制作方法极为简单。一般的设置程序通过选择、设置、应用等几个简单的操作步骤就可以完成。

视频：幻灯片动画的设置

1．预设动画

预设动画是指调用内置的现成动画设置效果。

（1）选中要设置动画的对象，点击"动画"选项卡，其中列出了"无动画""淡出""擦除""飞入"等多种选项，选择"形状"，如图 8-7 所示。当鼠标指针指向某一动画名称时，会在编辑区预演该动画的效果，根据需要选择一种动画即可。

图 8-7　设置单个对象的动画效果

① 如果所需要的动画效果没有在工具栏上显示，可以单击"动画"选项组中的 按钮打开所有的动画效果显示，如图 8-8 所示。

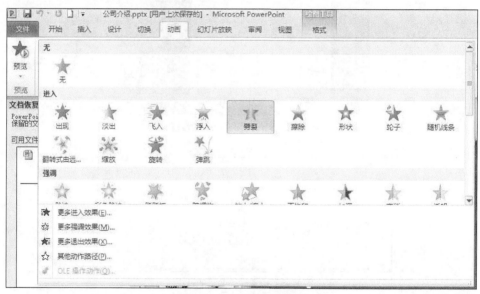

图 8-8　展示所有动画效果

② 在动画效果中，主要包括"无""进入""强调""退出"和"动作路径"设置选项，可以根据实际需求对各个步骤进行动画设置。

③ 如果展示出的所有效果都不满足要求，可以使用图 8-8 所示的"更多进入效果""更多强调效果""更多退出效果"和"其他动作路径"选项。例如单击"更多进入效果"，会弹出图 8-9 所示的对话框，可以从中选择合适的动画效果，如果勾选"预览效果"选项，则会预览已选中的动画效果。

（2）也可在"动画"选项卡的"高级动画"组中单击"添加动画"设置动画效果。

2．自定义动画

自定义动画的功能比预设动画的功能强大得多，通过它可以随心所欲地设置丰富多彩、赏心悦目的动画效果。它包括四大类别：进入、强调、退出和动作路径。

图 8-9　更改进入效果

小贴士

✔　默认的"进入" 动画呈绿色，"强调" 呈黄色，"退出" 呈红色，"动作路径" 没有填充色，因此在解读他人设计的"自定义动画"时，可以通过动画图标及其填充颜色来初步判别其"动画类别"和"动画效果"。

（1）选中要设置动画的对象，单击"动画"选项卡，在"高级动画"组中单击"添加动画"→"更多退出效果"命令进入图 8-10 所示的"添加退出效果"对话框。

（2）在选择某种效果后，单击"高级动画"选项卡中的"动画窗格"，将显示为每个对象所设置的动画类型，如图 8-11 所示。

图 8-10　添加退出效果

图 8-11　自定义动画效果

（3）接着右键单击每一个动画类型，可以对动画开始的定位、效果选项以及"计时"组中的开始、持续时间、延迟等进行设置，或者在每一个动画类型上双击也可以对当前动画进行相应的设置，如图 8-12 所示。

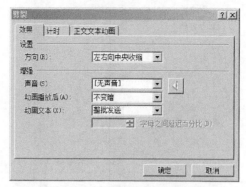

图 8-12 对"劈裂"动画进行设置

小贴士

✓ 对每一个动画类型的计时设置，也可以在动画窗格中选中当前动画，然后在"动画"→"计时"选项组中进行相对应的设置，还可以在此对动画重新排序，如图 8-13 所示。

（4）设置完成后单击"播放"按钮可观看动画效果，如果要删除所设置的动画，则单击要删除的动画，单击鼠标右键，选择"删除"命令即可。

图 8-13 计时选项组设置

小贴士

✓ 用户通常可以对幻灯片中的下列对象设置动画效果：标题、文本、文本框和图像。

五、任务实施

STEP 1 启动 PowerPoint 2010，选择"文件"→"新建"命令，创建一个空白文档。

STEP 2 将输入法切换成中文输入法，制作文档，并在相应文档中插入图片或 SmartArt 图形，如图 8-14 所示。

STEP 3 把第一个页面文本设置为"字幕式"动画效果，以实现"文本的银幕式滚动"。适当调整"正文区"的高度，然后设置的"动画效果"及其参数如下。

飞入：开始（之前），方向（自底部），速度（7.5 秒），动画文本（整批发送），组合文本（作为一个对象）。

飞出：开始（之后），方向（到顶部），速度（7.5 秒），动画文本（整批发送），组合文本（作为一个对象）。

图 8-14 演示文档内容

STEP 4 设置第二个页面的切换方式为"棋盘",声音为"微风",持续时间是 2.5 秒,换片方式为自动换片时间,时长为 3 秒,如图 8-15 所示。

图 8-15 第二个页面设置参数

STEP 5 第三个页面的切换方式设置方法如图 8-16 所示。页面中的图片的动画效果设置如图 8-17 所示。

STEP 6 按照上述图片的动画效果设置对第四个页面进行动画效果设置。

图 8-16 第三个页面的切换方式

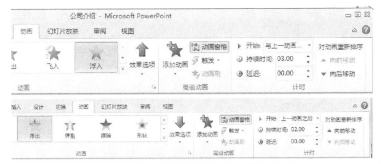

图 8-17 第三个页面中图片的动画效果设置

STEP 7 对第五个页面中的文本和图片进行动画效果设置，如图 8-18 所示。

图 8-18　第五个页面中文本和图片的动画效果设置

STEP 8 对第五个页面的切换方式进行设置，如图 8-19 所示。

图 8-19　第五个页面的切换方式设置

STEP 9 保存文档，保存名称为"公司介绍"。

 牛刀小试

制作一系列幻灯片，如图 8-20 所示。

图 8-20　幻灯片示例

要求：

（1）根据提供的文字素材制作楼盘项目介绍幻灯片，不少于5张。

（2）选择一个合适的幻灯片主题。

（3）第一张幻灯片是"标题幻灯片"，其中副标题中的制作人为本人的个人信息。

（4）除"标题幻灯片"之外，每张幻灯片上都要显示实时更新的时间、幻灯片页码。

（5）为每张幻灯片设置不同的切入方法，其中为第四张设置为：立方体，速度为慢速。

（6）根据每个幻灯片的文字内容配置合适的图片或剪贴画。

（7）除首页外每张幻灯片都添加四个动作按钮并设置它们分别连接到"第一张幻灯片""下一张幻灯片""上一张幻灯片""最后一张幻灯片"。

（8）除首页外取消每张幻灯片"单击鼠标时"的换片方式。

（9）为第四张幻灯片的文字添加合适的项目符号。

（10）为图片添加合适的强调动画效果。

（11）保存文档，名称为"楼盘项目介绍"。

任务2　大学第一课

一、任务描述

开学之初，为了迎接新同学，让新入学的同学们对大学生活有一个初步的了解，并指导新同学在大学期间要完成的事情和需要培养的能力及习惯，作为学生会主席的王飞制作了一份图8-21所示的演示文档。

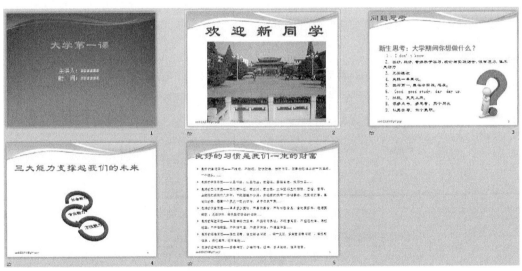

图8-21　大学第一课

二、任务分析

对新同学们进行大学生活指导，首先要让同学们知道在大学里要做些什么，需要培养的能力，以及良好习惯的培养。因此，演示文档的制作要图文并茂，同时可以用已经录制到的视频或音频作为实例进行说明，还可以把演示文稿进行打包放映。

三、任务目标

- 在演示文稿中插入对象、音频、视频、Flash 文件。
- 模板的使用。
- 超链接的使用技巧。
- 动作按钮的设置方法。
- 排练计时的方法。
- 幻灯片的放映和打包方法。

四、知识链接

（一）在演示文稿中插入对象、音频、视频、Flash 文件

1．插入对象

视频：插入对象、音频、视频的方法

为了更加生动地对演示文稿中的数据进行说明，可以在演示文稿中插入图形、图片、表格、图表以及多媒体等。插入这些内容后，还可以对其进行设置，使演示文稿更加美观大方，演示效果更加吸引人。

（1）单击"插入"选项卡"文本"组中的"对象"按钮，如图 8-22 所示。

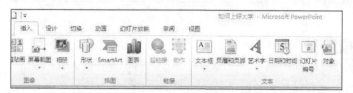

图 8-22　插入对象

（2）在弹出的"插入对象"对话框中，默认的创建方式是新建，同时可以选择要插入的对象类型，如图 8-23 所示。如果选择的创建方式是由文件创建的，则出现图 8-24 所示的对话框，单击"浏览"按钮，选择原来已经创建好的文件。

图 8-23　插入对象设置

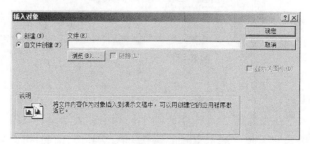

图 8-24　选择已做好的文件

2．插入音频

（1）将某段音乐作为整个演示文稿的背景音乐

如果用 PowerPoint 制作电子相册、画册时，人们不仅要欣赏精美的画面，还希望听到美妙动听的音乐。我们可以在幻灯片上进行如下操作。

① 准备好一个音乐文件，可以是 WAV、MID 或 MP3 文件格式。

② 单击"插入"选项卡"媒体"组→"音频"，如图 8-25 所示。选择你选中的声音文件，则幻灯片上会出现一个"喇叭"图标。如图 8-26 所示。

图 8-25　选择音频文件

图 8-26　插入的音频图标

③ 单击小喇叭，在 PowerPoint 上方会出现一个"音频工具"栏位。

④ 单击"音频工具"→"播放"命令，勾选"放映时隐藏"和"循环播放，直到停止"。如图 8-27 所示。

图 8-27　设置音频播放效果

 小贴士

✓ 如果觉得这个小喇叭很讨厌，想去掉，可以右键单击小喇叭，单击"音频工具"→"格式"→"更正"→"图片更正选项"命令，如图 8-28 所示。在弹出的"设置音频格式"对话框中，如图 8-29 所示。选择"图片更正"选项，在"亮度和对比度"选项组中，将亮度调节为-100%，对比度调节为 0%，这时小喇叭就变成纯黑，将小喇叭移动到 PPT 黑暗处，就看不到了；或者将亮度调节为 100%，对比度调节为 100%，这时小喇叭就变成纯白，将小喇叭移动到 PPT 纯白位置，就看不到了。

✓ 当你对小喇叭进行细节方面修改的时候，单击"动画"→"高级动画"→"动画窗格"命令，打开"动画窗格"。双击窗格中的音频文件，会弹出"播放音频"对话框，如图 8-30 所示。可以对效果、计时和音频设置等选项进行设置。

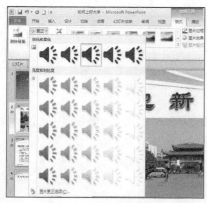

图 8-28　图片更正选项

图 8-29　设置音频格式

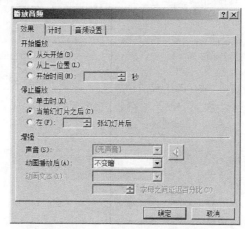

图 8-30　"播放音频"对话框

（2）插入解说词

如果我们希望在播放到某一张幻灯片时，自动播放该张幻灯片的解说词，可以采用如下方法。

① 首先录制好该张幻灯片的解说词，并保存为声音文件。

② 选择你要加入解说词的幻灯片作为当前操作的幻灯片，单击"切换"→"计时"→"声音"命令。

③ 在"声音"下拉列表中，选择"其他声音…"，在随后出现的"添加声音"对话框中选择你已录制好的声音文件，单击"确定"按钮。

 小贴士

✓ 如果我们希望演示者自己根据情况决定是否播放声音，可以制作交互按钮来控制声音的播放或停止，具体的操作步骤如下。

① 首先录制好该张幻灯片的解说词，并保存为声音文件。

② 选择你要加入解说词的幻灯片作为当前操作的幻灯片，单击"插入"→"插图"→"形状"→"动作按钮"命令，在幻灯片上加入两个自定义按钮，如图 8-31 所示，同时会弹出"动作设置"窗口，如图 8-32 所示。

③ 在"单击鼠标"选项卡上进行如下操作。

● 单击鼠标时的动作：选择"无动作"。

● 播放声音：在前面打"√"，在其下拉列表中，选择"其他声音"，在随后出现的"添加声音"对话框中选择你已录制好的声音文件，单击"确定"按钮，关闭"添加声音"对话框，然后单击"确定"按钮，关闭"动作设置"对话框。

④ 用鼠标右键单击"停止播放声音"按钮，在弹出的 "动作设置"对话框中进行如下操作。

● 单击鼠标时的动作：选择"无动作"。

● 播放声音：在前面打"√"，在其下拉列表中，选择"停止前一声音"，然后单击"确定"按钮，关闭"动作设置"对话框。

图 8-31　插入动作按钮

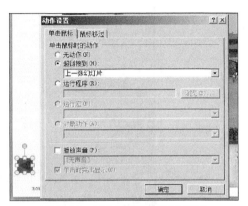

图 8-32　对动作按钮进行动作设置

3．插入视频

在制作 PPT 幻灯片的过程中，或许可能用到视频，这样在播放 PPT 过程中，就可以在播放过程中播放视频了。

（1）准备好视频文件，建议使用 PowerPoint 里面直接支持的视频格式 AVI、MPEG、WMV、ASF。

（2）单击"插入"→"媒体"→"音频"命令，可以看到有三种视频可以插入，分别是文件中的视频、来自网站的视频以及剪贴画视频，如图 8-33 所示。

图 8-33　插入视频

（3）选择"文件中的视频"命令，在弹出的"插入视频文件"对话框中选择视频路径，然后选中视频，单击"插入"按钮。

（4）视频插入 PPT 后，可以将鼠标移动到视频窗口中，单击一下下面的"播放"或"暂停"

按钮，视频就能播放或暂停播放。如果想继续播放，再用鼠标单击一下即可。可以调节前后视频画面，也可以调节视频音量，如图 8-34 所示。

 小贴士

✓ PowerPoint 2010 中，还可以随心所欲地选择实际需要播放的视频片段。选中视频文件，单击"视频工具"→"播放"→"剪裁视频"命令，在"剪裁视频"对话框中可以重新设置视频文件的播放起始点和结束点，从而达到随心所欲地选择需要播放视频片段的目的。在"视频选项"中，可以对视频的各个要素进行控制，如图 8-35 所示。

图 8-34　插入的视频效果

图 8-35　视频播放选项设置

✓ PowerPoint 2010 中，可以从 PowerPoint 2010 演示文稿中链接到外部视频文件或电影文件。通过链接视频，可以减小演示文稿的文件大小。单击"插入"→"媒体"→"视频"→"文件中的视频"命令，选中要链接到的文件，单击"插入"→"链接到文件"命令，如图 8-36所示。

✓ PowerPoint 2010 中，还可以链接到网站上的视频文件。单击"插入"→"媒体"→"视频"→"来自网站的视频"命令，如图 8-37 所示，这时会弹出"从网站插入视频"对话框，从要插入的视频网站上复制嵌入代码，如图 8-38 所示。把复制的嵌入代码粘贴到文本框中，单击"插入"按钮。

图 8-36　链接到视频文件

图 8-37　插入网络上的视频

图 8-38　复制嵌入代码

4. 插入 Flash 影片

（1）单击"文件"→"选项"命令，调出"PowerPoint 选项"对话框，如图 8-39 所示。

图 8-39　调出"PowerPoint 选项"对话框　　　　　图 8-40　选择开发工具

（2）在"PowerPoint 选项"对话框中单击"自定义功能区"，勾选右侧的"开发工具选项"，单击"确定"按钮，如图 8-40 所示。

（3）单击"开发工具"→"控件"→"其他控件"命令，进入"其他控件"对话框，如图 8-41 所示。

（4）在"其他控件"对话框的控件列表中，选中"Shockwave Flash Object"对象，单击"确定"按钮，如图 8-42 所示。

图 8-41　选择其他控件

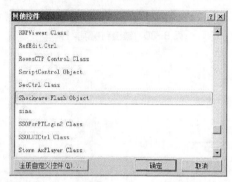

图 8-42　选中 Shockwave Flash Object

（5）在要插入 Flash 的文档中自由拖动鼠标来确定 Flash 控件的大小，如图 8-43 所示。

（6）鼠标右键单击刚插入的控件，在弹出菜单中选择"属性"，在"属性"窗口中，找到"Movie"选项，输入要插入的 Flash 文件名，如图 8-44 所示。

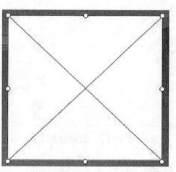

图 8-43　Flash 控件的大小设置

图 8-44　填写 FLash 文件

小贴士

✓ 插入的 Flash 文件最好跟 PowerPoint 文件放在同一路径下。

✓ 插入的 Flash 文件名要包括后缀名。

（二）模板的使用

模板就是创建一个.potx 文件，该文件记录了用户对幻灯片母版（幻灯片母版是存储有关应用的设计模板信息的幻灯片，包括字形、占位符大小或位置、背景设计和配色方案）、版式/布局（版式是幻灯片上标题和副标题文本、列表、图片、表格、图表、自选图形和视频等元素的排列方式）和主题（主题是一组统一的设计元素，其使用颜色、字体和图形设置文档的外观）组合所做的任何自定义修改。可以将模板存储的设计信息应用于演示文稿，从而将所有幻灯片上的内容设置成一致的格式。

1．使用已有的模板创建幻灯片

（1）在演示文稿中，选择"文件"选项卡中的"新建"命令，再选择"样本模板"，选择适合主题的模板，然后单击"创建"按钮，该模板就会被应用到所选幻灯片或所有幻灯片了，如图 8-45 所示。

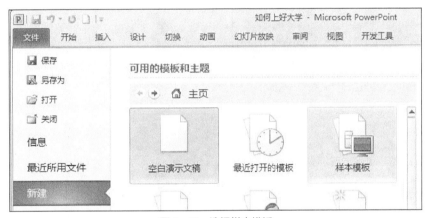

图 8-45　选择样本模板

（2）如果对所选的设计模板不满意，可用上述方法选择其他模板。

2．使用自定义模板创建幻灯片

除了自动套用 PowerPoint 2010 所提供的模板，用户也可以创建新的模板。其一种方法是在原有模板的基础上修改，另一种方法是将自己创建的演示文稿保存为模板。

（1）新建或打开原有的演示文稿，如图 8-46 所示。

（2）设计母版。选择"视图"选项卡中"母版视图"组中的"幻灯片母版"，进入幻灯片母版设计的编辑区，如图 8-47 所示。

（3）插入文本"河南农业职业学院"，将它移到标题幻灯片的右上角，如图 8-48 所示。

（4）用同样的方法，选择标题和内容幻灯片的母版，插入文本"河南农业职业学院"，如图 8-49 所示。

（5）母版设计结束后，单击"关闭母版视图"按钮，母版设计成功，其效果如图 8-50 所示。

图 8-46　打开标题幻灯片

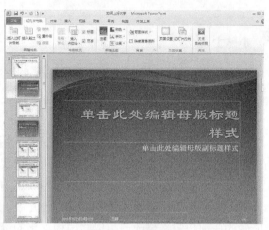

图 8-47　编辑母版

图 8-48　为标题幻灯片替换主题

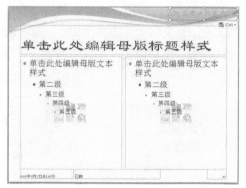

图 8-49　为标题和内容幻灯片替换主题

图 8-50　幻灯片母版设计完成的效果

 小贴士

✓　如果要将幻灯片以母版的形式保存下来，需要进行以下操作。

●　单击"视图"→"幻灯片母版"命令，打开当前的幻灯片母版，如图 8-51 所示。

●　单击"文件"→"另存为"命令，在弹出的"另存为"对话框的"保存类型"中选择 "PowerPoint 模板"，如图 8-52 所示。

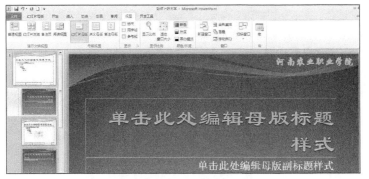

图 8-51 打开母版

图 8-52 保存为模板

（三）超链接的使用技巧

超链接就是当我们在一些网站上阅读文章或资讯的时候，看到文章中有些特定的词、句或图片带有超链接，单击以后就会跳到与这些特定的词、句、图片相关的页面中。在 PowerPoint 2010 中，超链接是指从一张幻灯片到同一演示文稿中的另一张幻灯片的连接，或是从一张幻灯片到不同演示文稿中的另一张幻灯片、电子邮件地址、网页以及文件的连接。

视频：插入超链接、动作按钮

1．创建超链接

操作步骤如下。

（1）在"普通"视图中，选中要创建链接的文本或对象。

（2）例如选中文本后，单击鼠标右键，选择"超链接"命令，或者单击"插入"→"链接"→"超链接"命令，如图 8-53 所示。

（3）弹出"插入超链接"对话框。单击"本文档中的位置"选项，如图 8-54 所示。

（4）在"请选择文档中的位置"下，单击要用作超链接目标的幻灯片"6.幻灯片 6"。用同样的方法设置目录中其他选项的超链接。

图 8-53　对文本添加超链接

图 8-54　选择超链接在本文档中的位置

 小贴士

✓ 如果要链接到网页，需要进行以下操作。

● 选中要链接的文本，单击鼠标右键，在弹出的菜单中选择"超链接"选项。

● 在"超链接"对话框中，在"链接到"下面选择"现有文件或网页"，然后在"地址"栏中输入要链接到的网页地址，单击"确定"按钮，如图 8-55 所示。

图 8-55　链接到网页

2．修改超链接字体颜色

如果超链接的字体颜色不符合你的要求，可以通过以下方法进行修改。

（1）选中已有超链接的文字，单击"设计"→"主题"→"颜色"→"新建主题颜色"命令，如图 8-56 所示。

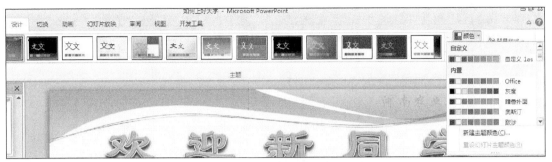

图 8-56 新建主题颜色

（2）在弹出的"新建主题颜色"对话框中，可以看到"主题颜色"栏中有"超链接"和"已访问的超链接"两项，可以根据自己的需要选择不同的颜色，完成之后单击"保存"按钮，如图 8-57 所示。

图 8-57 修改超链接文本颜色

3．去掉超链接的下划线

超链接的下划线在整个页面中不是很协调，要想去掉，用一般的给文字插入超链接的方法是不可行的，可以通过以下方式去掉。

（1）选中要添加超链接的幻灯片，单击"插入"→"文本"→"文本框"→"横排文本框"命令，如图 8-58 所示。

（2）在幻灯片中合适的位置绘制一个文本框，选中文本框，单击鼠标右键，在弹出的菜单中选择"超链接"命令，如图 8-59 所示。

图 8-58　插入横排文本框

图 8-59　为文本框插入超链接

（3）在"超链接"对话框中，在"链接到"下面选择"现有文件或网页"，然后在"地址"栏中输入要链接到的网页地址，单击"确定"按钮。

（4）返回幻灯片，再次选中文本框，单击鼠标右键，选择"编辑文字"命令。输入需要的文字后，对文字进行格式编辑。

（5）完成之后，查看文字的超链接效果，如图 8-60 所示。

图 8-60　插入超链接后的文字效果

（四）动作按钮的设置方法

动作按钮的作用是，当单击或鼠标指向这个按钮时产生某种效果，例如链接到某一张幻灯片、某个网站、某个文件；播放某种音效；运行某个程序等。动作按钮有"单击鼠标"和"鼠标移动"动作，插入动作按钮后，会弹出一个"动作设置"对话框，根据需要对相关属性进行设置即可。

（1）打开要设置动作按钮的幻灯片，单击"插入"→"插图"→"形状"命令，选择"动作按钮"中一个系统预定义的动作按钮，如图 8-61 所示。然后，在幻灯片中要插入动作按钮的位置拖动鼠标绘制该按钮。

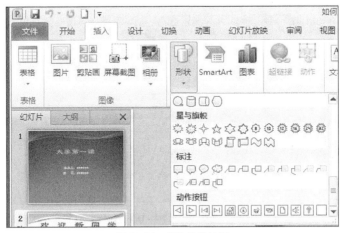

图 8-61　插入动作按钮

（2）绘制完动作按钮后，会自动弹出"动作设置"对话框，如图 8-62 所示，在"超链接到"中选择"第一张幻灯片"，单击"确定"按钮。

 小贴士

✓　动作按钮的动作有两个，即单击鼠标、鼠标移过，都可以进行设置。

✓　动作按钮还可以设置声音。

✓　可以改变动作按钮的格式。选中动作按钮，单击"绘图工具"→"格式"命令，更改按钮的颜色和线条。

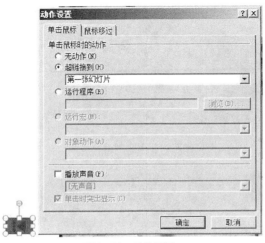

图 8-62　动作设置

（五）排练计时的方法

演示文档在播放前的排练十分必要，要想获得更多的关注，不可或缺的要素是对演示时间的掌控。为了能在演示的时候更好地表现，需要先演练几次，通过排练计时的方式可以精确记录放映每张幻灯片的时长。

排练计时功能可预演演示文稿中的每张幻灯片，并记录其播放的时间长度，以制定播放框架，使其在正式播放时可以根据时间框架进行播放。

1．设置排练计时

（1）选中第一张幻灯片，单击"幻灯片放映"→"设置"→"排练计时"命令，如图 8-63 所示。此时系统进入幻灯片放映视图，并弹出"录制"工具栏，如图 8-64 所示。使用该工具栏上的工具按钮，可对演示文稿中的幻灯片进行排练计时。

图 8-63 排练计时

（2）单击录制工具栏上的"➡"按钮，开始设置下一张幻灯片的放映时间，录制工具栏右侧出现的是累计时间。

（3）依次设置好所有幻灯片后，结束幻灯片排练计时，会弹出一个提示对话框，如图 8-65 所示。

图 8-64 录制工具栏

图 8-65 提示对话框

（4）单击"是"按钮，系统自动切换到浏览视图方式，如图 8-66 所示。

图 8-66 在浏览视图方式下显示排练时间

2. 录制幻灯片演示

对于演示文稿的演示，很多情况下需要将整个演示过程以视频的形式展示给客户，但毕竟视频录制软件不是处处都能拿来即用的，而 PowerPoint 2010 就内嵌了录制功能。

（1）打开要演示的幻灯片，单击"幻灯片放映"→"设置"→"录制幻灯片演示"命令，会弹出"录制幻灯片演示"对话框。同时对"播放旁白""使用计时""显示媒体控件"选项进行选择，如图 8-67 所示。

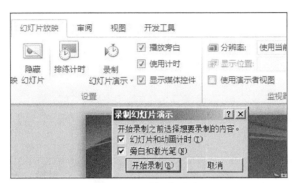

图 8-67　录制幻灯片演示

（2）在"录制幻灯片演示"对话框中，可以对录制的内容进行选择，并单击"开始录制"按钮，会显示录制窗口以及相关的功能，如图 8-68 所示。

图 8-68　录制窗口

（3）录制完成后，单击"文件"→"另存为"命令，在弹出的"另存为"对话框中，选择保存类型为"Windows Media 视频"，单击"保存"按钮，如图 8-69 所示。此时需要等待一段时间进行转码，随后才会出现相应的视频文件，如图 8-70 所示。

图 8-69　另存为文件类型为"Windows Media 视频"

| 🖼️ 如何上好大学 | 2015/12/22 17:29 | Microsoft Powe... |
| 🎞️ 如何上好大学 | 2016/6/8 9:46 | WMV 文件 |

图 8-70　视频文件的格式为 WMV 文件

 小贴士

✓　视频转码过程中可能会受到机器和文件大小的影响，会有一段时间的耗时。

（六）幻灯片的放映和打包方法

1．设置幻灯片的放映方式

根据播放环境的不同，PowerPoint 2010 为用户提供了不同的放映方式。因此，在放映演示文稿之前，用户可以根据播放环境来选择放映方式。

（1）单击"幻灯片放映"→"设置"→"设置幻灯片放映"命令，打开"设置放映方式"对话框，如图 8-71 所示。

视频：放映、
打包

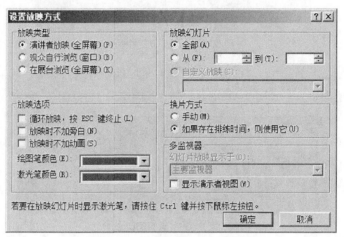

图 8-71　"设置放映方式"对话框

（2）在"放映类型"中选择"演讲者放映"，在"放映幻灯片"中选择"全部"，在"换片方式"中选择"如果存在排练时间，则使用它"，单击"确定"按钮，设置完成。

（3）根据演示文稿的放映环境，PowerPoint 2010 为用户提供了 3 种类型的放映方式，如图 8-71 所示，放映类型及说明如表 8-1 所示。

表 8-1　放映类型及说明

放映类型	说明
演讲者放映	选择该方式，全屏显示演示文稿，但是必须要在有人看管的情况下进行放映
观众自行浏览	选择该方式，观众可以移动、编辑、复制和打印幻灯片
在展台浏览	选择该方式，可以自动运行演示文稿，不需要专人控制

2．自定义放映

（1）单击"幻灯片放映"→"开始放映幻灯片"→"自定义放映"命令，弹出"自定义放映"对话框，如图 8-72 所示。

（2）单击"新建"按钮，出现"定义自定义放映"对话框，如图8-73所示，选中幻灯片1、幻灯片2、幻灯片3，单击"添加"按钮，单击"确定"按钮，这时在"自定义幻灯片"对话框中会出现已定义好的"自定义放映1"。

图8-72 "自定义放映"对话框

图8-73 "定义自定义放映"对话框

（3）将幻灯片切换到"演讲者放映"方式，在幻灯片位置上单击鼠标右键，在弹出的快捷菜单中选择"自定义放映"，设置好的自定义放映方式会出现在列表框中，单击需要使用的自定义幻灯片放映方式则直接跳转到幻灯片放映状态。

3．打包演示文稿

若放映演示文稿时计算机上没有安装PowerPoint，此时可以将演示文稿打包成CD数据包，通过PowerPoint播放器来观看。

（1）将演示文稿打包

将演示文稿打包成CD数据包，是指将演示文稿中的各个相关文件或程序连同演示文稿一起打包，形成一个可使用PowerPoint播放器查看的文件。

① 要对打开的演示文稿打包，单击"文件"→"保存并发送"命令，在"文件类型"区域中选择"将演示文稿打包成CD"选项，在弹出的区域中单击"打包成CD"按钮，如图8-74所示。

图8-74 将演示文稿打包成CD

② 在弹出的"打包成CD"对话框中选择要复制的文件并单击"复制到文件夹"按钮，如图8-75所示。

③ 接着弹出"复制到文件夹"对话框，如图 8-76 所示，此时为打包的演示文稿命名，设置保存位置后单击"确定"按钮。

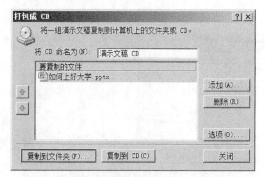

图 8-75 "打包成 CD"对话框

图 8-76 "复制到文件夹"对话框

④ 接着出现系统提示对话框，如图 8-77 所示。

图 8-77 系统提示对话框

⑤ 单击"是"按钮，将演示文稿中所用到的文件或程序都链接到该数据包中，完成演示文稿的打包操作。

（2）复制到 CD

① 在图 8-75 所示的"打包成 CD"对话框中，单击"复制到 CD"按钮，如果需要添加文件到 CD，则单击"添加"按钮。

② 此时弹出"添加文件"对话框，在该对话框中打开文件所在的文件夹，然后选择需要添加的文件，单击"打开"按钮，如图 8-78 所示。

图 8-78 添加文件

③ 添加完成后，返回到"打包成 CD"对话框，在该对话框的"要复制的文件"列表框中可以看到添加的文件。用户还可以设置打包的其他选项，在此单击"选项"按钮，弹出图 8-79 所示的对话框。

④ 在此设置打开和修改每个演示文稿时所用的密码，单击"确定"按钮，弹出"确认密码"对话框，在"重新输入打开权限密码"文本框中输入设置的密码并单击"确定"按钮，如图 8-80 所示。

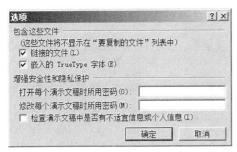

图 8-79 "选项"对话框

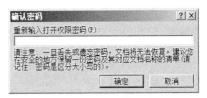

图 8-80 "确认密码"对话框

⑤ 返回"打包成 CD"对话框中，单击对话框中的"复制到 CD"按钮。此时系统会弹出刻录进度对话框以显示刻录进度。刻录完成之后，单击"关闭"按钮。

五、任务实施

STEP 1 启动 PowerPoint 2010，按照要求制作"大学生职业生涯规划"演示文稿，共 8 张幻灯片，其原始主题效果如图 8-81 所示。

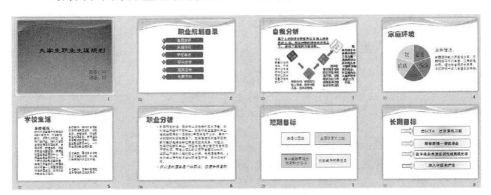

图 8-81 原始演示文稿的效果

STEP 2 第一张幻灯片要求为标题版式，选择主题为流畅型，并应用于所有幻灯片，标题字体为隶书，字号为 56 号，将动画效果设置为"进入效果"中的"盒状"。副标题为宋体，字号为 25 号，设置姓名的动画效果为"劈裂"，设置"班级"的动画效果为"淡出"，并根据实际情况，补充自己的基本信息，如图 8-82 所示。

STEP 3 制作第二张幻灯片，要求将其设置为标题和内容版式。标题字体为华文琥珀，字号为 50 号，字体颜色为蓝色，将动画效果设置为画笔颜色；插入菱形和圆角矩形，并分别编辑编号和文字，两个形状的颜色为紫色，编号的字号为 18 号，圆形矩形中的文字字号为 28 号，颜色均为白色，设置菱形和圆角矩形的动画效果分别为"淡出"和"劈裂"，如图 8-83 所示。

图 8-82　第一张幻灯片设置

图 8-83　第二张幻灯片设置

STEP 4　制作第三张幻灯片，要求为空白版式。插入文本框，并编辑标题，设置同第二张幻灯片；再插入文本框，输入第一段文字，颜色为黑色，字号为 24 号，字体为楷体，并加下划线。动画效果为"更多进入效果"中的"下浮"。插入四个矩形，并做一定的旋转，做出图 8-84 所示的效果，接着插入右箭头，颜色为蓝色，矩形的颜色及编辑文字的颜色自行设置，字号根据矩形框的大小自行调整。设置所有矩形框的动画效果为"圆形扩展"，箭头的动画效果为"擦除"。分别编辑图中的四段话，并为其设置不同的文字颜色，字体为楷体，字号为 20 号，动画效果均为"细微型展开"。

STEP 5　制作第四张幻灯片，要求版式为空白版式。插入文本框，输入标题，设置同 Step 3，动画效果为"下浮"，插入 SmartArt 图形为基本饼图，做出图 8-85 所示的效果，为每一单块饼图，设置不同的颜色，并编辑大小合适的文字，将动画效果设置为"上浮"。插入文本框，输入"总体情况"，颜色为黑色，字号为 32 号，字体为宋体，动画效果为"擦除"。继续插入文本框，编辑最后一段文字，字号为 24 号，字体为宋体，动画效果为"下浮"。

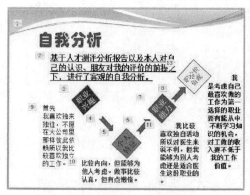

图 8-84　第三张幻灯片设置

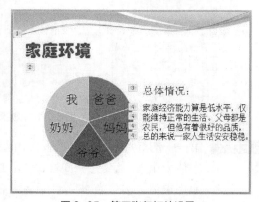

图 8-85　第四张幻灯片设置

STEP 6　制作第五张幻灯片，要求版式为空白型。

- 插入第一个文本框，对标题进行编辑，格式的设置同④，动画效果为"下降"。
- 插入第二个文本框，编辑图 8-86 所示的文字，将标题行字号设置为 28 号，字体为宋体，加粗，颜色为黑色，正文行字体为黑体，字号为 20 号，颜色为黑色。动画效果设置为"展开"。

- 插入第三个文本框，编辑图中的文字，字体为黑体，颜色为黑色，字号为 20 号，并设置每段文字的动画效果为"圆形扩展"。

图 8-86　第五张幻灯片设置　　　　图 8-87　第六张幻灯片设置

STEP 7　制作第六张幻灯片，将版式设置为标题和内容版式。

- 编辑标题栏，设置格式同 Step 5，动画效果为"下降"。
- 按图 8-87 所示编辑内容，并添加项目符号，颜色为青绿，将第一段文字的字体设置为宋体，字号为 24 号，动画效果设置为"擦除"，将第二段话文字的字体颜色设置为黑色，斜体，字号为 28 号。动画效果设置为"补色"，如图 8-87 所示。

STEP 8　制作第七张幻灯片，其版式为标题和内容版式。

- 编辑标题栏，格式设置同 Step 6，动画效果为"下降"。
- 插入四个矩形，为每个矩形设置不同的颜色，并在矩形框中添加文字，字体为宋体，字号为 28 号。"英语过四级"动画效果设置为"劈裂"，"全国计算机二级"动画效果设置为"圆形扩展"，"专业成绩平均分达到 80 分以上"动画效果设置为"擦除"，"能够成为优秀党员"动画效果设置为"圆形扩展"。动画效果如图 8-88 所示。

STEP 9　制作第八张幻灯片，其版式为标题和内容版式。

- 编辑标题栏，格式设置同⑦，动画效果为"下降"。
- 分别插入 4 个箭头和 4 个圆角矩形。颜色均为蓝色。在圆角矩形中编辑图 8-89 所示的文字，字体均为宋体，字号为 18 号。设置箭头的动画效果均为"上升"，将圆角矩形的动化效果设置为"圆形扩展"。动画效果如图 8-89 所示。

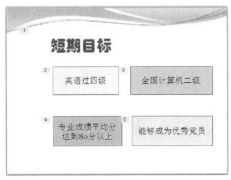

图 8-88　第七张幻灯片设置

图 8-89　第八张幻灯片设置

STEP 10 将制作出的 8 张幻灯片更换主题。选择浏览主题中的"主题 2",并将此主题应用到所有的幻灯片中,做出图 8-90 所示的效果。

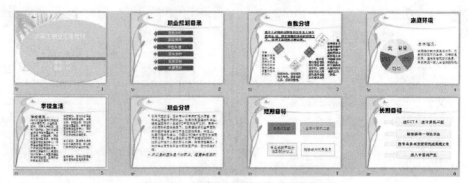

图 8-90 更改主题后的幻灯片浏览效果

STEP 11 将上题中的"大学生职业生涯规划"幻灯片进行修改,并设置其放映的方式。

- 对第二张幻灯片目录中的每一项设置超链接,如图 8-91 所示。
- 对第二张幻灯片设置动作按钮,超链接到最后一张幻灯片,观察放映的效果,如图 8-92 所示。

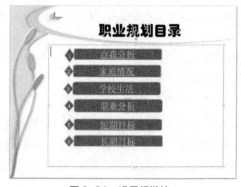

图 8-91 设置超链接

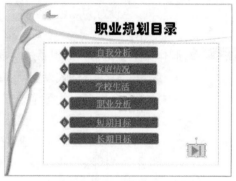

图 8-92 设置动作按钮后的幻灯片

- 设置幻灯片的放映方式为"演讲者放映",并应用于全部幻灯片,观察放映效果。
- 设置幻灯片放映的排练计时,再观察放映的效果,如图 8-93 所示。
- 设置幻灯片的切换方式,最多不要超过三种类型。
- 将"大学生职业生涯规划"演示文稿打包,复制到"D:\我的文档",并设置密码为"1234",文件名为"大学生职业生涯规划"。

图 8-93 设置排练计时后的浏览效果图

 **牛刀小试**

设计一个自我介绍的演示文稿，并保存为"××的自我介绍.pptx"，如图 8-94 所示。要求如下。

（1）选择一种幻灯片设计模板。

图 8-94　浏览方式查看演示文档

（2）使用图片、图表、组织结构图、艺术字等表现幻灯片。

（3）为每一张幻灯片设计切换方式和动画效果，将其设置为每隔 3 秒钟自动切换到下一张幻灯片。

（4）将放映类型设置为"演讲者放映"，放映范围为第 2～7 张幻灯片，循环放映，按 Esc 键结束放映。

（5）选择一首 MP3 格式的音乐作为背景音乐，并设置背景音乐的动画效果为"幻灯片放映时开始自动播放音乐"，并隐藏声音图标。

（6）在幻灯片中使用超链接。

第三篇

玩转计算机网络

计算机网络是由计算机技术和通信技术发展而来的，现在已经成为人们工作和生活中不可或缺的一个重要工具。通过网络，人们可以实现浏览网页、查询信息、上传和下载文件、收发电子邮件、传递信息等功能。总之，计算机网络为人们提供了一个资源共享和数据传输的平台。

本篇通过局域网的配置、Internet 的应用两个具体的任务介绍计算机网络的基本知识，主要包括计算机网络的基本概念、Internet 的相关概念、IE 浏览器的使用方法等。本项目能够让读者了解并掌握基本的网络知识，具备较好的网络应用能力。

Windows 操作系统集成了很多软件，方便了用户的使用，但有时对于某些具体功能的实现却显得捉襟见肘。工具软件由于其功能强大、针对性强、实用性好、使用方便等优点，为系统软件提供了很好的支持。工具软件的种类繁多，要想使电脑用起来得心应手，就要熟悉掌握这些必备软件的使用方法。

教学目标

- 掌握网络的相关概念和基本配置方法。
- 掌握 Internet 的基本应用。
- 了解常用工具软件的主界面和功能。
- 了解并掌握 360 安全卫士的使用方法。
- 了解并掌握 360 杀毒软件的使用方法。
- 了解并掌握压缩软件 WinRAR 的使用方法。
- 了解并掌握下载软件"迅雷"的使用方法。
- 了解并掌握媒体播放软件"暴风影音"的使用方法。
- 了解并掌握电子图书阅读软件"PDF 文件阅读器"的使用方法。

PART 9

项目 9
Internet 及常用工具
软件的使用

221

项目
9
Internet 及常用工具软件的使用

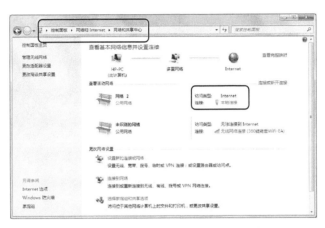

任务 1 Internet 的使用

一、任务描述

学生王明组装了一台全新的计算机，他想连接互联网并下载一些常用的工具、娱乐软件，在上网的同时想快速访问自己喜欢的网站并且拥有自己的邮箱，以便与老师、同学交流。

二、任务分析

通过合理配置计算机的网络来访问局域网和 Internet，实现资源共享和通信。利用 Internet 实现浏览网页、查询信息、上传和下载文件、即时通信和传递信息等功能。

三、任务目标

- 局域网的基本配置。
- 计算机名称的修改与 IP 地址设置。
- 文件或文件夹共享的设置。
- 共享网络资源。
- 正确使用 IE 浏览器。
- 浏览器的相关操作。
- 用搜索引擎查找资料。

四、知识链接

（一）计算机名称的修改方法

1. 单击"开始"按钮，在"计算机"选项中单击鼠标右键，在弹出的快捷菜单中选择"属性"命令，打开"系统"面板，如图 9-1 所示。

图 9-1 "系统"面板

2. 在"计算机名称、域和工作组设置"区域右边，单击"更改设置"命令，进入"系统属性"对话框，如图9-2所示。单击"更改"按钮，打开"计算机名/域更改"对话框，如图9-3所示，在"计算机名"文本框中输入该计算机的名称，如"hp-PC"，在"工作组"文本框中输入该计算机所属工作组的名称，如"WORKGROUP"。

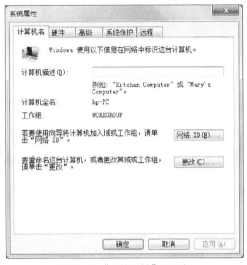

图9-2　"系统属性"对话框

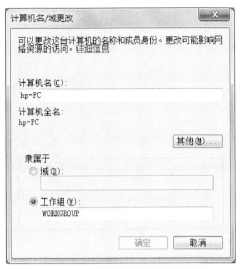

图9-3　"计算机名/域更改"对话框

3. 设置完毕后，单击"确定"按钮，系统弹出"计算机名/域更改"对话框，提示用户更改已生效，必须重新启动计算机。

（二）IP地址的基本配置

1. 双击桌面上的"计算机"图标，在打开的窗口中，单击左下方的"网络"选项。在窗口菜单栏的下方，打开"网络和共享中心"面板，如图9-4所示。

视频：IP地址配置

图9-4　"网络和共享中心"面板

2. 单击左边的"更改适配器设置"选项，找到"本地连接"图标，然后单击鼠标右键，在弹出的快捷菜单中选择"属性"命令，打开"本地连接属性"对话框，选择"网络"选项卡，如图 9-5 所示。

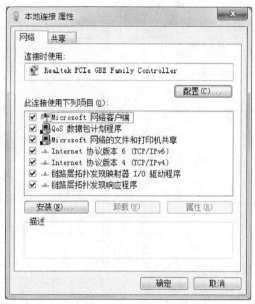

图 9-5 "本地连接属性"对话框

3. 在"本地连接属性"对话框的"网络"选项卡中，双击"Internet 协议版本 4（TCP/IPv4）"命令，打开"Internet Protocol Version4（TCP/IPv4）属性"对话框。选中"使用下面的 IP 地址"单选按钮，然后在"IP 地址"文本框中输入"192.168.1.10"；单击"子网掩码"文本框，输入"255.255.255.0"；将默认网关设置为"192.168.1.1"；选中"使用下面的 DNS 服务器地址"单选按钮，在"首选 DNS 服务器"文本框中输入"202.102.224.10"，如图 9-6 所示。

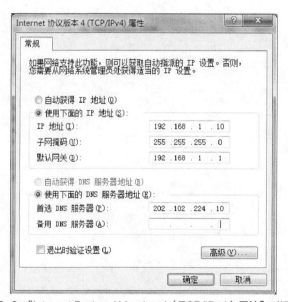

图 9-6 "Internet Protocol Version 4（TCP/IPv4）属性"对话框

4. 单击"确定"按钮，关闭该对话框。

使用相同的方法对网络中其他计算机进行 TCP/IP 的设置。将 IP 地址设置为"192.168.1.*"，要求所有的 IP 地址必须在同一个段中。这样就可以实现在同一网段中计算机之间的数据通信和资源共享。

（三）文件和文件夹的共享

1. 双击"计算机"，在盘符中找到要共享的文件或文件夹。在文件或文件夹上单击鼠标右键，在弹出的快捷菜单中选择"属性"命令，在"属性"对话框中选择"共享"选项卡，如图 9-7 所示。

2. 在"共享"选项卡中可以选择"共享""高级共享"或"密码保护"三种共享方式，其中"共享"的安全级别最低，如图 9-8 所示。可以在"选择要与其共享的用户"中选择，并单击"共享"按钮，如有问题，也可单击"我的共享有问题"链接，在线寻找答案。如果选择"高级共享"，则可以设置文件或文件夹的共享名、同时共享的用户数量、用户的访问和修改权限等，如图 9-9 所示。

视频：共享设置

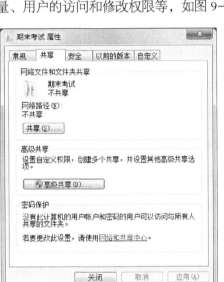

图 9-7　"属性"选项卡

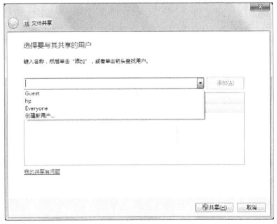

图 9-8　文件共享

图 9-9　高级共享

（四）拓展：计算机网络及通信协议

1．计算机网络的基本概念

从不同的角度、不同的观点出发，对"计算机网络"这一概念可以有不同的理解和定义。

从计算机网络的产生出发，可将计算机网络定义为"将计算机技术与通信技术相结合，实现远程信息处理或进一步达到资源共享的系统集合"。

从物理结构出发，可将计算机网络定义为"在传输协议的控制下，由计算机、终端设备、数据传输设备和通信控制设备等组成的系统集合"。

从资源共享的观点出发，可将计算机网络定义为"以能够共享资源（软件、数据和硬件等）的方式连接起来，并各自具备独立功能的计算机系统的集合"。

由于资源共享是计算机网络的主要功能，因此网络界基本上倾向于资源共享的观点，认为计算机网络的定义是"计算机网络是现代通信技术与计算机技术相结合的产物，利用网络协议和通信设备、传输介质，把地理上分散的、具有独立功能的多个计算机系统、终端及其附属设备连接起来，实现数据传输和资源共享的系统"，它强调了连网的计算机所具有的独立功能和计算机网络所实现的资源共享目的。

最简单的计算机网络只有两台计算机和连接它们的一条链路，即由两个结点和一条链路组成。由于没有第三台计算机，因此不存在交换的问题。

最庞大的计算机网络就是 Internet，它是由分布在全球的很多计算机网络通过路由器互联而形成的计算机网络系统。因此，Internet 也称为"网络的网络"（network of network）。

2．计算机网络的分类

按照不同的标准，计算机网络有多种分类方法。

（1）从网络结点的分布来看，计算机网络可分为局域网、广域网和城域网。

① 局域网。局域网（Local Area Network，LAN），也叫本地网。其网络规模比较小，覆盖范围在方圆几米到几千米内，一般由专用的网络传输介质连接而成。它是连接近距离计算机的网络，例如办公室、实验室，或一幢建筑物、一个校园、一个工厂内的计算机网络，因此也出现了"校园网"或"企业网"这样的名词。局域网的优点是数据传输快（一般在 10Mbit/s～100Mbit/s），成本较低，组网较方便，信息安全性好。

② 广域网。广域网（Wide Area Network，WAN），也叫远程网。其网络规模很大，覆盖范围从几十千米到几千千米，可能在一个城市、一个国家或全球范围内。它是由电话线、微波、卫星等远程通信线路连接起来的跨城市、跨地区甚至跨洲的网络，可在大范围内实现资源共享。

③ 城域网。城域网（Metropolitan Area Network，MAN），也叫都市网。网络规模较大，覆盖范围介于前两者之间，一般从方圆几千米到几十千米，通常是指城市地区的计算机网络。它可以覆盖一组邻近的公司办公室和一个城市，既可能是私有的也可能是公用的。从网络的层次上看，城域网是广域网和局域网之间的桥接区。城域网的优点是支持数据和声音，实现高速通信和信息共享，可能涉及当地的有线电视网。

（2）按交换方式，计算机网络可分为线路交换网络、报文交换网络和分组交换网络。

① 线路交换网。线路交换网（Circuit Switching）最早出现在电话系统中，早期的计算机网络就是采用此方式来传输数据的，数字信号经过变换成为模拟信号后才能在线路上传输。

② 报文交换网。报文交换网（Message Switching）是一种数字化网络。当通信开始时，源机发出的一个报文被存储在交换器里，交换器根据报文的目的地址选择合适的路径发送报文，这种方式叫作"存储—转发"方式。

③ 分组交换网。分组交换网（Packet Switching）也采用报文传输，但它不是以不定长的报文做传输的基本单位，而是将一个长的报文划分为许多定长的报文分组，以分组作为传输的基本单位。这不仅大大简化了对计算机存储器的管理程序，也加速了信息在网络中的传播速度。由于分组交换优于线路交换和报文交换，因此它已成为计算机网络的主流。

（3）按网络使用的目的，计算机网络可分为共享资源网、数据处理网和数据传输网。

① 共享资源网。共享资源网的使用者可以共享网络中的各种资源，如文件、打印机、扫描仪、绘图仪以及各种服务。Internet 是典型的共享资源网。

② 数据处理网。数据处理网是用于处理数据的网络，例如科学计算网络、企业经营管理网络等。

③ 数据传输网。数据传输网是用来收集、交换、传输数据的网络，例如情报检索网络等。

计算机网络还有其他的分类方法，例如，按网络的拓扑结构，可分为星状网络、树状网络、总线网络、环状网络和网状网络；按照信号频带的占有方式，可分为基带网和宽带网；按通信方式，可分为点对点式传输网络和广播式传输网络。

3．计算机网络的功能

计算机网络具有丰富的功能。建立计算机网络的主要目的就是通过计算机之间的互相通信，实现网络资源共享。计算机网络的主要功能有以下几个方面。

（1）数据通信。数据通信是计算机网络最基本的功能。计算机网络可实现服务器与客户机、终端与计算机、计算机与计算机之间的快速可靠的数据传送，从而进行信息处理如传真、电子邮件（E-mail）、电子数据交换（EDI）、电子公告牌（BBS）、远程登录（Telnet）与信息浏览等通信服务。利用这一特点，人们可将分散在各个地区的单位或部门用计算机网络联系起来，进行统一的调配、控制和管理，从而可以方便地进行信息交换、收集和处理。

（2）资源共享。充分利用计算机资源是组建计算机网络的重要目的之一。"资源"指的是网络中所有的软件、硬件和数据资源。"共享"指的是网络中的用户都能够部分或全部地享受这些资源。资源共享使得计算机网络中分散在各地的用户可以互通有无、分工协作，资源的利用率大大提高。

（3）均衡负载。当网络内某一计算机的负载过重时，可通过网络将部分任务调配给其他计算机去处理，这样能均衡各计算机的负载，以提高处理问题的实时性。

（4）分布处理。对于一些综合性的大型问题，可将问题各部分分散到多个计算机上进行分布式处理，也能使各地的计算机通过网络资源共同协作，进行联合开发、研究等，以扩大计算机的处理能力，即增强其实用性。另外，计算机网络促进了分布式数据处理和分布式数据库的发展。

（5）提高计算机的可靠性。计算机网络系统能实现对差错信息的重发，网络中各计算机还可以通过网络成为彼此的后备机，从而增强了系统的可靠性。

4．计算机网络的通信协议

（1）计算机网络的通信协议。计算机网络的通信协议就像人与人交流的语言一样，它是计算机网络通信实体之间的语言，是计算机之间交换信息的规则。这种规则对信息的传输顺序、信息格式和信息内容等方面进行约定。不同的网络结构可能使用不同的网络协议；同样的，不同的网络协议设计也造就了不同的网络结构。

（2）常用的计算机网络通信协议。一台计算机只有在遵守网络协议的前提下，才能在网络上与其他计算机进行正常的通信。常见的通信协议有 TCP/IP、IPX/SPX 及其兼容协议、NetBEUI 协议、Apple Talk 协议等。

① TCP/IP

TCP/IP 也叫网络通信协议，是 Internet 国际互联网络的基础，互联网络的通信都是靠它来完成的。在 Internet 所使用的各种协议中，TCP/IP 是最重要和最著名的。因此，TCP/IP 也称为 Internet 的语言。

TCP/IP 是一个世界标准的协议组，包括 TCP（Transport Control Protocol，传送控制协议）、IP（Internet Protocol，网际协议）以及其他一些协议，如远程登录、文件传输和电子邮件等。其中，TCP 用于应用程序间的数据传送，IP 用于主机之间的数据传送，这样就可以保证数据信息的正确传输。TCP/IP 的速度并不快，操作也并不容易，但它可以在大范围、复杂的网络里进行路由选择，提供比其他协议更多的出错控制手段，TCP 和 IP 是保证数据完整传输的两个基本的重要协议。

TCP/IP 具有很高的灵活性，支持任意规模的网络，几乎可连接所有的服务器和工作站。但 TCP/IP 在使用前首先要进行复杂的设置。TCP/IP 是在网络组建时唯一一个不仅需要安装，而且需要进行配置的通信协议，其他网络协议只要安装即可用户在计算机之间进行通信。在局域网中，TCP/IP 的配置主要包括 IP 地址、子网掩码、网关和主机名等几项内容。

网络中每一台计算机至少需要一个"IP 地址"、一个"子网掩码"、一个"默认网关"和一个"主机名"。TCP/IP 是一种可路由的协议，但 TCP/IP 的地址是分级的，这样能够很容易确定并找到网络中的其他计算机，同时也提高了网络带宽的利用率；运行 TCP/IP 的服务器（如 Windows NT 服务器）还可以被直接配置成 TCP/IP 路由器，这样在网络中就可以不需要使用专门的路由器。

TCP/IP 的数据传输过程可分为四层。

a. 网络接口层。网络接口层是 TCP/IP 软件的最底层，负责接收准备发送的数据信息。

b. 网络层。网络层主要负责相邻计算机之间的通信，其功能包括三个方面：一是处理来自传输层的数据发送请求，收到请求后，先将数据进行分组以便于数据信息的传输，并选择好数据传输目的地的最佳路径，然后将数据发往适当的网络接口；二是处理准备传输的数据信息，首先检查其合法性，然后进行寻径；三是处理数据传输路径、数据流控制、数据传输拥塞等问题。

c. 传输层。传输层提供应用程序之间的通信路径，其功能包括格式化信息流和提供可靠传输，为了提供可靠传输，传输层协议规定接收端必须发回确认，如果传输的数据丢失，必须重新发送。

d. 应用层。应用层可向用户提供一组常用的应用程序，如电子邮件、文件传输访问、远程登录等。要将数据信息以 TCP/IP 的方式从一台计算机传送到另一台计算机，数据需经过上述四层通信软件的处理才能在物理网络中传输。

② IPX/SPX 及其兼容协议

IPX/SPX（Internet work Packet Exchange/Sequenced Packet Exchange，网际包交换/有序信

息包交换协议）包括一个通信协议集，是局部地区网络使用的高性能协议，它比 TCP/IP 更容易实现和管理，具有强大的路由功能，适用于在组建大型的网络，如广域网。IPX/SPX 是 NetWare 网络的最好选择，在非 NetWare 网络环境中，一般不使用 IPX/SPX 协议。

　　IPX/SPX 及其兼容协议不需要任何配置底下可直接通过"网络地址"来识别自己的身份。在 IPX/SPX 协议中，IPX 协议是网络最底层的协议，只负责数据在网络中的传送，并不保证数据能否传输成功，也不提供纠错服务；IPX 在负责数据传送时，如果接收节点在同一网段内，就直接按该节点的 ID 将数据传给它；如果接收节点是远程的（不在同一网段内或位于不同的局域网中），数据将交给 NetWare 服务器或路由器中的网络 ID，继续数据的下一步传输。SPX 协议在整个协议中负责对所传输的数据进行无差错处理。

　　③ NetBEUI 协议

　　NetBEUI（Net BIOS Extended User Interface，用户扩展接口）协议具有体积小、效率高、速度快等特点，且占用内存少，在网络中基本不需要任何配置。NetBEUI 协议是专为几台到百余台计算机所组成的单网段小型局域网而设计，其不具有跨网段工作的功能，即不具备路由功能。对于一个大型综合网络系统，当在一个服务器上安装了多块网卡或采用路由器等设备对两个局域网进行互联时，不能使用 NetBEUI 协议，否则与不同网卡（每一块网卡连接一个网段）相连的设备之间以及不同的局域网之间将无法进行通信。

　　NetBEUI 协议用于 Windows NT、Windows for Workgroups 或 LAN Manager 服务器之间的连接协议，是客户机/服务器网络系统的基本通信协议，由 NetBIOS（Network Basic Input/Output System，网络基本输入/输出系统）和 SMB（Server Message Blocks，服务器消息块）两部分组成。NetBEUI 协议包含一个网络接口标准 NetBIOS，作为计算机之间相互通信的标准，是专门用于组建小型局域网的通信规范。NetBIOS 只是一个网络应用程序的接口规范，是 NetBEUI 协议的基础，并不具有严格的通信协议功能。而 NetBEUI 是建立在 NetBIOS 基础之上的一个网络通信协议。SMB 的主要功能是降低网络的通信堵塞，因此 NetBEUI 协议也被称为"SMB 协议"。

　　在 Novell 网络中常用的是 IPX/SPX。用户如果访问 Internet，则必须在网络协议中添加 TCP/IP 协议。具体选择哪一种网络通信协议进行组网，主要取决于网络的规模、网络之间的兼容性和网络管理等几个方面。

　　④ Apple Talk 协议

　　Apple Talk 协议是 Macintosh 机器之间联网使用的网络协议，在 Windows NT4/2000 Server 版本的 Windows 操作系统中，集成了 Apple Talk 协议，用于 Mac 机器与 Windows 服务器联网。

　　值得注意的一点是，在当前处理系统使用的 Windows 2000、Windows NT 和由 Windows 98 组成的对等网中，无法直接使用 IPX/SPX 协议进行通信。

（五）IE 的基本设置

1．设置主页

　　打开 Internet Explorer 浏览器，选择"工具"菜单下的"Internet 选项"命令，打开"常规"选项卡，如图 9-10 所示，在"主页"选项中的"地址"栏输入"http://www.baidu.com"并单击右下角的"应用"按钮，即可将百度设置为主页，以后每次打开 IE，就会自动打开百度首页。

视频：Internet
选项

2．安全设置

单击"安全"选项卡，如图 9-11 所示，选择 Internet 区域图标中的"默认级别"按钮，设置移动滑块为不同的安全级别，注意阅读其不同的安全性能。

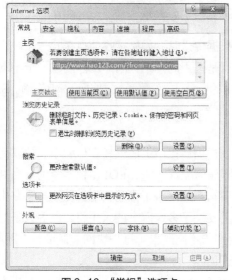

图 9-10 "常规"选项卡

图 9-11 "安全"选项卡

（六）浏览网络信息

启动 Internet Explorer 浏览器，在浏览器窗口的地址栏中输入"http://www.edu.cn"，中国教育和科研计算机网（CERNET）的主页如图 9-12 所示。

图 9-12 中国教育和科研计算机网主页

在中国教育和科研计算机网的主页上，单击"下一代互联网"链接，将进入有关教育信息化的页面。找到自己需要了解的标题，单击链接后便可打开具体的页面。

单击网页右上方的"工具" 按钮，选择"文件"菜单中的"另存为"命令，将网页保存在桌面上，文件名为"下一代互联网"，文件类型为.html。

关闭当前窗口，在"下一代互联网"页面中，单击工具栏上的"后退"按钮，后退到中国教育和科研计算机网主页。

下面介绍一些浏览网页时常用的小工具。

（1）鼠标在页面上移动时，如果指针变成手形，表明它是链接。链接可以是图片、三维图像或彩色文本（通常带下划线）。单击链接便可以打开链接指向的网页。

（2）要直接转到某个网站或网页，可在地址栏中直接输入网址。

（3）单击"后退"按钮可返回至上次看过的 Web 页，单击"前进"按钮可查看在单击"后退"按钮前查看的 Web 页。

（4）单击"主页"按钮可返回每次启动 Internet Explore 时默认的 Web 页，单击"收藏"按钮可从收藏夹列表中选择站点，单击"历史"按钮可以从"最近访问过的网页"列表中选择网址。

（5）如果查看的 Web 页的打开速度太慢，可单击"停止"按钮中止。

（6）如果 Web 页无法显示完整信息或者想获得最新版本的 Web 页，可单击"刷新" ↻ 按钮或按 F5 键。

（七）信息检索

在浏览器窗口的地址栏输入"http://www.baidu.com"，按回车键后进入百度搜索引擎。在打开的文本框中，输入关键词"中国教育科研网"，并单击"百度一下"按钮，搜索出多条相关信息，如图 9-13 所示。

图 9-13　搜索结果

可以根据自己的需要，单击不同的链接，浏览不同的信息。

如果想要检索专业论文或者成果方面的内容，可以通过专业性较强网站进行检索，如中国知网。在地址栏中输入"http://www.cnki.net/"进入中国知网首页，如图 9-14 所示，通过注册可以享受中国知网会员的权利，即可以在本站检索各专业的相关论文，获取相关知识。

图 9-14　中国知网首页

（八）文件下载

启动 IE 浏览器，自动进入百度首页，输入关键字"Adobe flash 下载"，检索到多条相关信息，选择其中一条（例如下载吧）单击进入链接，如图 9-15 所示。

图 9-15　Adobe flash player 的下载页面

在众多下载地址中选择"联通下载"，单击鼠标右键，在弹出的菜单中选择"目标另存为"命令，并为下载软件选择相应的保存位置，单击"保存"按钮即可开始下载，如图 9-16 所示，在此处可以随时查看下载完成的百分比及完成下载的剩余时间。

图9-16　软件的下载页面

（九）Internet 相关知识拓展

1．Internet 提供的服务

Internet提供的服务有很多，常见的有万维网（WWW）、电子邮件（E-mail）、文件传输（FTP）、远程登录（Telnet）、网络新闻（USENET）等。

（1）高级浏览 WWW。万维网（World Wide Web，WWW），简称 Web，也称 3W 或 W3。它是一个以"超文本"链接方式形成的信息系统，汇集了全球网络资源。它是近年来 Internet 取得的最为激动人心的成就，是 Internet 中最方便、最受用户欢迎的信息服务类型。Web 为人们提供了查找和共享信息的方法，同时也是人们进行动态多媒体交互的最佳手段。Web 最主要的两项功能是读超文本（Hypertext）文件和访问 Internet 资源。

（2）电子邮件。电子邮件（E-mail）服务是一种通过 Internet 与其他用户进行联系的方便、快捷、廉价的现代化通信手段，也是目前用户使用最为频繁的服务功能。通常的 Web 浏览器都有收发电子邮件的功能。

（3）文件传输。在 Internet 中，文件传输（FTP）服务提供了在任意两台计算机之间相互传输文件的功能。连接在 Internet 中的许多计算机都保存着若干有价值的资料，只要它们都支持 FTP，如果有需要，就可以随时相互传送这些资料。

（4）远程登录。远程登录就是指用户通过 Internet，使用远程登录（Telnet）命令，使自己的计算机暂时成为远程计算机的一个仿真终端。远程登录允许任意类型的计算机进行通信。

使用远程登录（Telnet）命令登录远程主机时，用户必须先申请账号，输入自己的用户名和口令，经主机验证无误后，便登录成功。用户的计算机作为远程主机的一个终端，可对远程的主机进行操作。

（5）网络新闻。网络新闻（USENET）是 Internet 的公共布告栏。网络新闻的内容非常丰富，几乎覆盖当今生活的全部内容，用户通过 Internet 可参与新闻组进行交流和讨论。值得提醒的是，用户在参与交流和讨论时一定要遵守网络礼仪。

（6）其他服务。除上面介绍的 Internet 的基本服务程序外，Internet 还有另外一些服务程序，如 Gopher、Archie、WAIS 等。

① Archie 由加拿大 McGill 大学开发，可自动并定期查询大量的 Internet FTP 服务器，将其中的文件索引创建到单一的、可搜索的数据库中。该数据库可定期更新。除了接受联机查询外，许多 Archie 服务还受理用户通过电子邮件发来的查询。

② Gopher 是由美国明尼苏达大学研制的基于菜单驱动的信息查询软件。用户可以通过它

对 Internet 上的远程联机信息系统进行实时访问。

③ 广域信息服务器（WAIS）又称为数据库的数据库，是供用户查询分布在 Internet 中的各类数据库的一个通用接口软件。该系统能自动进行远程查询。

2．Internet 的地址管理

在 Internet 中，要访问一个站点或发送电子邮件，必须有明确的地址。Internet 的网络地址有 IP 地址、域名系统、E-mail 地址、URL 地址等几类。

（1）IP 地址。为了保证在不同网络之间实现计算机的相互通信，Internet 的每个网络和每台主机都必须有相应的地址标识，这个地址标识称为 IP 地址。IP 是 TCP/IP 协议族中网络层的协议，是 TCP/IP 协议族的核心协议。IP 的版本有 IPv4 和 IPv6。IPv4 的地址位数为 32 位（二进制），也就是说最多有 2^{32} 台计算机可以连到 Internet 中。随着互联网的蓬勃发展，IP 地址的需求量越来越大，IP 地址的发放越趋严格。为了扩大地址空间，现已试用 IPv6 重新定义地址空间。IPv6 采用 128 位地址长度，几乎可以不受限制地提供地址。据保守方法估算，IPv6 可以分配的地址达到地球上每平方米面积 1000 多个。

目前我们仍使用 IPv4，IP 地址由网络号和主机号两部分组成，它所提供的统一的地址格式由 32 位组成，但由于二进制使用起来不方便，用户使用"点分十进制"方式表示。IP 地址是唯一标识出主机所在的网络和主机在网络中的位置的编号，按照网络规模的大小，IP 地址分为 A～E 类，其分类和应用如表 9-1 所示。其中常用的 IP 地址分为 A 类、B 类和 C 类。

表 9-1　IP 地址分类和应用

分类	第一字节数字范围	应用
A	0～127	大型网络
B	128～191	中型网络
C	192～223	小型网络
D	224～239	备用
E	240～255	实验用

为了确保 IP 地址在 Internet 中的唯一性，IP 地址由美国国防数据网的网络信息中心（DDN NIC）分配。对于其他国家和地区的 IP 地址，DDN NIC 又授权给世界各大区的网络信息中心分配。

（2）域名系统。域名系统是使用具有一定含义的字符串来标识网络中的计算机的一个分层和分布式的命名系统，其与 IP 存在一种映射关系。用户可用各种方式为自己的计算机命名，为避免重名，Internet 采取了在主机名后加上后缀的方法，这个后缀称为域名，用来标识主机的区域位置，域名是通过申请而合法得到的，因此 Internet 上的主机可以用"主机名．域名"的方式进行唯一标识。

域名采用分层次的命名方法，每层都有一个子域名，通常采用英文缩写，子域名间用小数点分隔，自右至左分别为最高层域名（顶级或一级域名）、机构名（二级域名）、网络名（三级域名）、主机名（四级域名）。例如，域名"www.bnu.edu.cn"中，cn 是顶级域名，edu 是二级域名。

顶级域名由 ICANN（互联网名称与数字地址分配机构）批准设立，它们是 2 个英文字母

或多个英文字母的缩写。顶级域名分为以下 3 种。

① 通用顶级域名（见表 9-2）。在通用顶级域名中，由于历史原因，int、edu、gov、mil 域名限美国专用。

表 9-2　通用顶级域名

域名代码	服务类型	域名代码	服务类型
com	商业机构	edu	教育机构
int	国际机构	net	网络服务机构
org	非盈利组织	mil	军事机构
gov	政府机构		

② 新增通用顶级域名。新增通用顶级域名有以下几种。

* .info：可以替代 com 的通用顶级域名，适用于提供信息服务的企业。
* .biz：可以替代 com 的通用顶级域名，适用于商业公司。
* .aero：适用于航空运输业的专用顶级域名。
* .museum：适用于博物馆的专用顶级域名。
* .name：适用于个人的通用顶级域名。
* .pro：适用于医生、律师、会计师等专用人员的通用顶级域名。
* .coop：适用于商业合作社的专用顶级域名。

③ 国家代码顶级域名。目前有 240 多个国家代码顶级域名，它们用 2 个字母缩写来表示。表 9-3 列出了一部分国家的域名。

表 9-3　部分国家的域名

国家和地区代码	国家和地区名	国家和地区代码	国家和地区名
Cn	中国	kr	韩国
Us	美国	jp	日本
De	德国	sg	新加波
Fr	法国	ca	加拿大
Uk	英国	au	澳大利亚

我国的域名体系分为类别域名和行政区域名两套。类别域名依照申请机构的性质依次分为 ac——科研机构，com——工、商、金融等专业，gov——政府部门，edu——教育机构，net——互联网络、接入网络的信息中心和运行中心，org——各种非营利性的组织。表 9-4 列出了我国部分行政区域名。

表 9-4　我国部分行政区域名

行政区代码	行政区名	行政区代码	行政区名
bj	北京市	he	湖北省
sh	上海市	nx	宁夏回族自治区
cq	重庆市	xj	新疆维吾尔自治区
he	河北省	tw	台湾省
sx	山西省	hk	香港特别行政区
ha	河南省	mo	澳门特别行政区

行政区域名是按照我国的各个行政区划分而成的，其划分标准依照国家技术监督局发布的国家标准而定，包括"行政区域名"34 个，适用于我国的各省、自治区、直辖市。

CN 域名除 edu. cn 由 CernNic（教育网）运行外，其他的均由 CNNIC 运行。

（3）E-mail 地址。电子邮件（E-mail）的传送也需要地址，即电子地址或电子信箱。电子信箱实际上是邮件服务器为用户分配的一块存储空间，每个电子信箱对应着一个信箱地址。信箱地址一般由用户名和主机域名组成,其格式为"用户名@主机域名"，如 pdssxy@hnaccd.com.cn。其中，用户名是用户申请电子信箱时与 ISP（网络服务提供商）协商的字母与数字的组合，域名是 ISP 的邮件服务器地址，中间的字符"@"是一个固定的字符，读为"at"，意思是"在"。

（4）URL 地址。URL 是统一资源定位器（Uniform Resource Locator），用来指出某一项信息在 WWW 上的位置及存取方式。比如我们要上网访问某个网站，在 IE 或其他浏览器地址栏中所输入的就是 URL。URL 是 Internet 用来指定某一个位置（site）或某一个网页（Web Page）的标准方式，它的语法结构如下。

资源类型：//主机名称［：端口地址/存放目录/文件名称］

例如：http://www.microsoft.com：23/exploring/exploring.html

其中各项含义为：http 是资源类型；www.microsoft.com 是主机名称；23 是端口地址；exploring 是资源文件路径；exploring.html 是资源文件名。

目前 URL 资源的类型有 http、FTP、Telnet、WAIS、News、Gopher 等，其中 http 是最常用的，表示超文本资源。

五、任务实施

STEP 1 启动 IE 浏览器，如图 9-17 所示。

图 9-17 启动 IE 浏览器

STEP 2 输入"新浪""搜狐"等网站的地址，浏览网页信息，如图 9-18 所示。

STEP 3 将这些网站添加到"收藏夹"中，如图 9-19 所示。

STEP 4 申请免费的电子邮箱，并用申请的电子邮箱向老师发送电子邮件，注册页面如图 9-20 所示。

图 9-18　输入网站地址

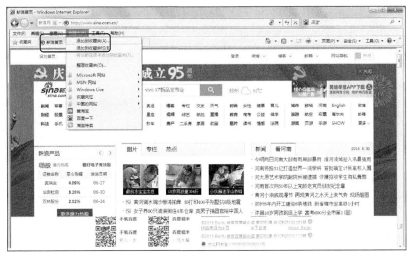

图 9-19　添加至收藏夹

图 9-20　邮箱注册页面

 **牛刀小试**

1. 简述什么是 WWW 和 URL。
2. IP 地址可分为哪几类，其特征是什么？
3. 简述 IE 的使用方法和主要设置。
4. 什么是电子邮件？它的特点是什么？
5. 与同一寝室的同学的计算机组成一个小型局域网。

任务 2　常用工具软件的使用

一、任务描述

王朔是计算机专业的新生，为了更好地完成学习任务，也为了给自己创造更广的学习空间，他买了一台计算机。刚装好系统，为了今后能安全、轻松地使用计算机，他选择了几款常用的小软件，现在他很想快速地掌握这些软件的使用方法。

二、任务分析

Windows 操作系统集成了很多软件，方便了用户的使用，但有时对于某些具体功能的实现却显得捉襟见肘。工具软件由于其功能强大、针对性强、实用性好、使用方便等优点，为系统软件提供了很好的支持。工具软件的种类繁多，要想使计算机用起来得心应手，就要熟悉掌握这些必备软件的使用方法。

三、任务目标

- 常用工具软件的主界面和功能。
- 360 安全卫士的使用方法。
- 360 杀毒软件的使用方法。
- 压缩软件 WinRAR 的使用方法。
- 下载软件"迅雷"的使用方法。
- 媒体播放软件"暴风影音"的使用方法。
- 电子图书阅读软件"PDF 文件阅读器"的使用方法。

四、知识链接

（一）360 安全卫士的使用方法

360 安全卫士的主界面如图 9-21 所示。

1．360 安全卫士的主界面介绍

（1）菜单栏：包括活动菜单　"查杀修复""电脑清理""优化加速""软件管家"。可以单击展开每项菜单应用。

（2）显示区：单击对应菜单项后显示其功能及信息。

（3）状态栏：显示目前软件的版本及相关的信息。

视频：安全卫士的使用

图 9-21　360 安全卫士的主界面

2．了解 360 安全卫士的主要功能

（1）电脑体检。全面检查计算机的各项状况并进行优化。

（2）查杀修复。找出计算机中疑似木马的程序并在允许的情况下进行删除，修复系统存在的漏洞并更新功能。

（3）电脑清理。清理垃圾和操作痕迹。

（4）优化加速。通过设置开机项目来提高开机速度。

（5）软件管家。可通过其安全下载近万种软件、小工具。

3．修复系统漏洞

（1）打开 360 安全卫士的主界面，单击菜单栏中的"查杀修复"，进而选择"漏洞修复"，系统会自动进行漏洞检查，检查结束后显示出"修复漏洞"的相关内容，如图 9-22 所示。

图 9-22　"修复漏洞"对话框

（2）若有高危漏洞，只需单击"立即修复"即可，其实在"电脑体验"中的"一键修复"也同样包含了系统漏洞的修复；也可以单击右下角的"重新扫描"来再次查看并进行修复。

4．系统优化加速

（1）打开 360 安全卫士的主界面，单击菜单栏中的"优化加速"，系统自动进行检查，检查结束后显示出相关内容，如图 9-23 所示。

（2）单击"开始扫描"按钮，可对所显示的项目进行优化，也可以查看优化的情况，重新进行优化设定。

图 9-23 "优化加速"对话框

5．系统修复

当浏览器主页、开始菜单、桌面图标、文件夹、系统设置等出现异常时，使用查杀修复下的常规修复功能，可以找出问题产生的原因并进行修复，其方法如下。

（1）单击 360 安全卫士主界面菜单栏中的"查杀修复"，显示区会显示"常规修复"的相关内容。

（2）当系统有异常时，可单击"常规修复"按钮，对计算机进行检查，检查后会显示结果。根据提示可以选择需要修复的项，然后单击"立即修复"按钮，便可进行修复，扫描过程如图 9-24 所示。

（3）当计算机的 IE 主页被修改，可选择"主页锁定"。

（二）360 杀毒软件的使用

1．360 杀毒软件的主界面

360 杀毒软件的主界面和功能如图 9-25 所示。

（1）菜单栏：用于进行菜单操作，包含了 360 杀毒软件的所有功能。

图 9-24　常规修复页面

（2）状态栏：显示当前计算机状态。

（3）操作按钮：包含了三个快捷按钮："快速扫描""全盘扫描""功能大全"。

2．360 杀毒软件的主要功能

（1）专业级免费杀毒功能。其杀毒与杀木马功能相配合，可及时解决系统的安全威胁。

图 9-25　"360 杀毒"软件的主界面

（2）功能强大的反病毒引擎以及实时保护技术。其强大的反病毒引擎，具有全面的病毒特征库和极高的病毒检测率，采用虚拟环境启发式分析技术发现和阻止未知病毒，实时监控并阻止潜在的病毒及后门程序的威胁，实时扫描和过滤邮件中的病毒。

（3）快速升级和响应。病毒特征库每小时都进行升级，以确保对爆发性病毒的快速响应。

（4）全面的隐私保护和控制功能。在 360 杀毒软件中可以设置全面的隐私保护规则，阻止恶意软件在用户上网浏览及收发邮件时窃取并发送用户的隐私信息，它支持对多种身份信息的保护，可自动检测和识别 HTTP 请求和 SMTP 请求中的身份证号码、电话号码、银行卡号、E-mail 地址等敏感的个人信息并予以阻止。

（5）超低的系统资源占用率。

（6）精准修复各类系统问题。"电脑门诊"可精准修复各类计算机问题，如桌面恶意图标、浏览器主页被篡改等。

（7）网购保镖。可全程保护网购及网银交易，拦截可疑程序及网址，使用户可安心网购。

3. 病毒查杀

360 杀毒提供了四种手动扫描病毒的方式：快速扫描、全盘扫描、自定义扫描。

（1）快速扫描。要扫描 Windows 系统目录及 Program Files 目录，只需单击"快速扫描"按钮即可。

（2）全盘扫描。要扫描所有磁盘。只需单击"全盘扫描"按钮即可，类似于"快速扫描"，如图 9-26 所示。

图 9-26 "全盘扫描"对话框

（3）自定义扫描。此功能可扫描指定的目录。在主页面中单击"自定义扫描"按钮，弹出"选择扫描目录"对话框。在此对话框中选择需要扫描的文件，单击"扫描"按钮即可。

（4）宏病毒扫描。针对侵入办公软件的宏病毒可以选择宏病毒扫描。

4. 小工具

功能大全按钮中还提供了很多不同功能的工具，分为系统安全、系统优化、系统急救三块，用户可根据实际需求选择相应功能，如图 9-27 所示。

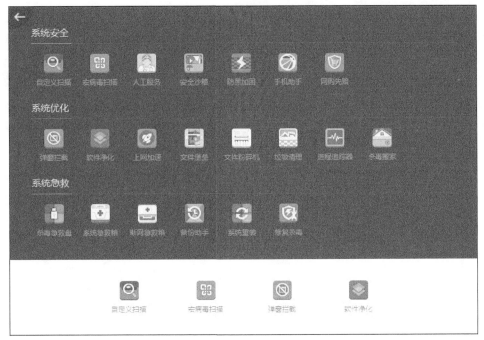

图 9-27　功能大全

5．功能设置

　　每个软件为满足不同用户的需求都设置了对该软件的设置功能，360 杀毒软件也不例外，用户可以右键单击桌面任务栏右侧的 360 杀毒标志，选择里面的"设置"即可打开图 9-28 所示的对话框。在此用户可根据个人习惯对 360 杀毒软件进行设置。

图 9-28　"设置"对话框

（三）压缩软件 WinRAR 的使用

1．压缩软件 WinRAR

压缩软件 WinRAR 的主界面及功能，如图 9-29 所示。

（1）压缩软件 WinRAR 5.20 的主界面

① 菜单栏：包含了 WinRAR 的所有命令及功能。

② 工具栏：包含常用命令按钮。

视频：压缩软件
的使用

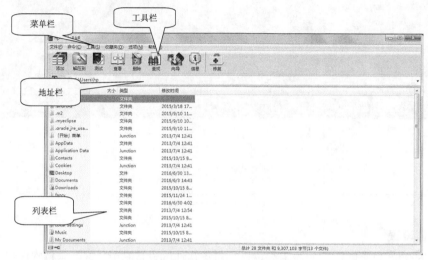

图 9-29　WinRAR 使用的主界面

③ 地址栏：显示当前软件操作的位置。

④ 对象列表框。显示压缩及解压缩文件的信息。

（2）WinRAR 5.20 的主要功能

WinRAR 5.20 具备非常强大的常规和多媒体压缩及解压缩能力，能处理非 RAR 压缩文件，支持长文件名，有建立及解压缩文件（SFX）的能力，能对损坏的压缩文件进行修复和身份验证，能对内含的文件进行注释和加密。

2．压缩软件 WinRAR 5.20 的使用

（1）建立压缩文件

① 启动 WinRAR，单击地址栏后面的向下的小黑三角，选择要压缩的文件或文件夹。

② 单击"添加"按钮，弹出"压缩文件名和参数"对话框，如图 9-30 所示。在"常规"选项卡的"压缩文件名"栏中可以更改压缩文件名，扩展名默认为.rar。

③ 单击"浏览"按钮可以重新确定压缩文件的存储路径，若不选择，将默认与源文件地址相同，在"压缩文件格式"栏中可以选择 RAR 或 ZIP 格式，根据需要在"压缩方式"下拉列表中可选择不同的压缩方式，并设置压缩文件的大小及压缩文件所需的时间。

④ 如果压缩文件需要存储在便携式存储器中，例如 U 盘，则压缩文件的大小不能超过一张 U 盘的容量，这时可以在"压缩为分卷，大小"下拉列表中对压缩文件进行分段压缩，可以把每一段压缩文件的大小都控制在一张 U 盘的容量以内，这样做极大地方便了数据的存储与携带。在"压缩选项"栏中可以对压缩文件进行基本的设定。

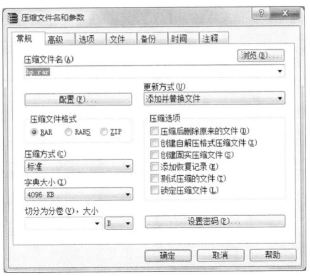

图 9-30 "压缩文件名和参数"对话框

⑤ 在"高级""文件"等其他选项卡中还可以对压缩文件进行更加详细的设置,本书就不一一详解了。

⑥ 设定完毕后,单击"确定"按钮,弹出"压缩过程"对话框,当进度条显示为100%时,压缩过程完成。

⑦ 通过右键快捷菜单可快速设定压缩,WinRAR 安装后也可以使用右键快速解压文件,选中需要操作的文件,单击鼠标右键弹出快捷菜单,选择"添加到压缩文件"命令,弹出"压缩文件名和参数"对话框,设置方法同上。如果选择"添加到"命令,系统就自动将压缩文件的名称、地址与源文件保持一致。

（2）解压缩文件

对于压缩文件,在使用前,先要对其进行解压缩操作,将文件还原为原来的大小,否则文件不能正常使用。WinRAR 提供了简便的解压缩操作方法。具体操作步骤如下。

① 启动 WinRAR 软件,在地址栏或对象列表中找到将要进行"解压缩"的文件。

② 单击"解压到"按钮,弹出"解压路径和选项"对话框,如图 9-31 所示。在"目标路径"地址栏内可以直接输入解压文件存放的路径及位置,也可通过右侧的"显示"按钮指定地址。

③ 在"更新方式""覆盖方式"及"其他"栏中对解压文件进行详细设置,一般使用默认设置。

④ 设置完毕,单击"确定"按钮,弹出"解压过程"对话框,当进度条显示为100%,解压过程完成,提示框自动消失。

⑤ WinRAR 的解压方式和其压缩方式一样,也可通过右键快捷方式进行。选择适当的解压缩命令可以方便快捷地解压文件。

（3）给 WinRAR 压缩文件加密

为了文件的安全并保护个人隐私,可以为压缩文件进行安全性设置。设置了密码的压缩文件在解压的过程中会弹出"输入密码"对话框,若输入密码错误,将不能正常解压文件。操作方法如下。

① 启动 WinRAR，在"压缩文件名和参数"对话框中，单击"常规"选项卡，如图 9-32 所示。

② 单击"设置密码"按钮，弹出"输入密码"对话框，在此可进行密码的设置，设置好后单击"确定"按钮，便可回到上一步进行压缩操作。

图 9-31 "解压路径和选项"对话框

图 9-32 "常规"选项卡

（四）下载工具迅雷软件的使用

迅雷软件的主界面和功能如图 9-33 所示。

1. 迅雷的主界面

（1）工具栏包含常用命令的工具按钮。

（2）任务列表窗口显示所有任务名称及下载进度、下载速度。

（3）下载信息窗口显示下载文件的具体信息。

（4）任务管理窗口以文件夹的方式分类管理下载文件。

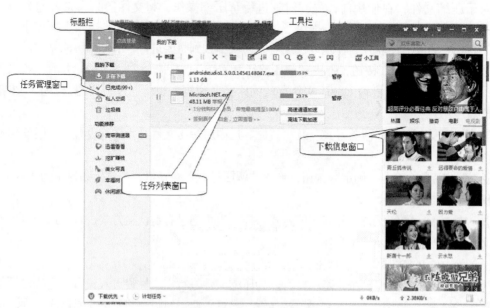

图 9-33 迅雷软件主界面

2．迅雷的功能

（1）多点同传镜像下载。迅雷采用多资源超线程技术，可显著提升下载速度。线程配置可以让用户指定原始 URL 的线程和总线程，并支持断点续传以保证下载文件的完整性和成功率。

（2）下载文件分类管理。迅雷具有强大的任务管理功能，可以对不同状态的任务进行分类管理，可以把已经完成的任务和没有完成的任务分类，用户在下载时还可以指定任务类别，可以把同类型的下载任务放到一起进行管理。迅雷提供了垃圾箱功能，所有任务都会先被删除到垃圾箱，在垃圾箱中删除任务才是真正地删除，避免了用户因为误操作引起的任务丢失问题。

（3）智能磁盘缓存技术。该技术有效防止了高速下载时对硬盘的损伤。硬盘写入缓存配置可以帮助用户更好地保护自己的硬盘，用户可以根据自身情况配置写入缓存的大小。

（4）智能信息提示。可根据用户的操作提供相关的提示和操作建议。

（5）独有的错误诊断功能。可帮助用户解决下载失败的问题。

（6）病毒防护。可以和杀毒软件配合保证下载文件的安全性，下载完成后会自动进行杀毒操作。

（7）批量下载。用户可以用迅雷有选择地大批量下载文件。内建的站点资源搜索器可以轻而易举地浏览 HTTP 和 FTP 站点的目录结构，并支持整个 FTP 目录的下载。

（8）智能管理模式。支持自动拨号，下载完毕后可自动挂断和关机。

（9）支持代理服务器。可解决代理上网的用户无法使用迅雷的问题。

（10）悬浮窗。支持直接拖曳链接地址进行下载，并直观地显示下载百分比及线程。

（11）速度限制。用户可以限制下载速度，以保证网络带宽。

3．软件迅雷的使用

（1）打开网站，在网页中找到所需的下载链接，双击即可自动打开迅雷的"新建任务"对话框。在该对话框中可以设置下载文件的存储路径，还可选择下载方式，单击"使用 IE 下载"就会使用 Windows 系统自带的 IE 进行下载；单击"离线下载"按钮，迅雷就会在用户未上网时，先把文件下载到迅雷服务器上，用户上网后再从迅雷服务器上将文件转到本地硬盘里。若都没选择，则直接单击"立即下载"按钮，迅雷就使用在线下载文件的方式进行下载。

（2）以在线下载为例，单击"立即下载"按钮，开始下载。在此可以根据情况对下载进程进行设置，单击最下面的"下载优先"按钮，可以设置优先下载；还可以单击"智能下载"按钮，设置下载完成后的自动操作功能。

在下载多个文件时，如果存放的路径相同且文件名是按照一定顺序命名的，则可选用迅雷的批量下载功能进行下载，具体操作步骤如下。

（1）在迅雷的主界面中单击工具栏中的"新建"按钮，打开"新建任务"对话框。选择最下面的"按规则添加批量任务"，就会弹出"批量任务"对话框。

（2）针对批量下载，迅雷提供了通配符功能，即利用"*"代表数字。通配符的长度为 1 位时，"*"代表 0～9；通配符的长度为 2 位时，"*"代表 0～99。例如，下载"http://en.sssccc.net/贴图材质//石材/古老墙壁/古老墙壁 091.zip～150.zip"，利用通配符，可以将下载链接中的数字序号改名为"http://en.sssccc.net/贴图材质//石材/古老墙壁/古老墙壁（*）.zip"，"*"必须用小括号括起来。设置完成后的"批量任务"界面如图 9-34 所示。

（3）单击"确定"按钮，弹出"选择要下载的 URL"对话框，在此可以对下载内容设置过滤筛选。设置好后单击"确定"按钮。

（4）自动弹出"新建任务"对话框，如图 9-35 所示。勾选下方的"使用相同配置"选项来进行批量下载。单击"开始下载"按钮，便可进行批量下载。下载前一定要注意保存下载的磁盘是否有足够的空间。

图9-34 "批量任务"界面

图9-35 "新建任务"对话框

4．高速下载 FTP 上的资源

迅雷还提供了一个相当好用的"资源探测器"功能，它可以将 FTP 站点中的文件用树状目录的方式呈现给用户。利用它可以方便、形象地下载网上的资料。

（1）在迅雷的主界面中单击工具栏中的"菜单"→"小工具"→"FTP 工具"命令，即可打开"FTP 资源探测器"窗口。

（2）在"地址"栏中输入 FTP 的域名或地址，前面要带上"ftp://"协议，同时在后面输入用户名和口令，回车后即可登录。如图 9-36 所示，找到相应的文件，配合 Shift 和 Ctrl 键单击鼠标右键，选择"下载"命令。

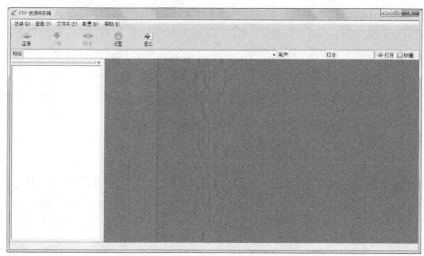

图9-36 "FTP 资源探测器"对话框

（3）在弹出的"选择要下载的 URL"对话框中，选择要下载的文件，单击"确定"按钮即可进入下载状态。

（五）多媒体工具暴风影音的使用

暴风影音的主界面和功能如图 9-37 所示。

图 9-37　暴风影音的主界面

1．暴风影音主界面

（1）主菜单包含了暴风影音的所有命令。

（2）视频播放窗口是播放视频内容的区域。

（3）播放列表。通过播放列表用户可以方便地管理要播放的文件，可以通过模式切换按钮来选择播放模式，从而使播放列表中的文件按顺序播放、循环播放、随机播放等。

（4）播放控制区控制视频文件的播放、停止、快进、后退等。

（5）左眼键按钮可以方便切换使用左眼高清观看视频。

（6）工具按钮包含关闭播放列表，暴风工具箱，暴风盒子。

2．暴风影音的主要新增功能

（1）用户增加了皮肤管理功能，用户可以选择自己喜欢的皮肤及颜色。

（2）在线视频播放列表增加了二级列表，同时改变了播放列表的长宽比，采用了明暗交替的斑马线式的文件名显示方式，看起来更加舒适。

（3）开放了高级解码器调节接口，供对设备需求较高的用户使用。此接口用于选择和切换视频和音频解码器，以达到最好的播放效果。

（4）增加了 90 度旋转及视频位置移动功能，解决了录制视频时的视频旋转问题。

（5）优化了左眼使用体验，新增了"左眼截图分享"功能，增加了双字幕功能。

3．媒体播放软件暴风影音的使用

暴风影音不仅可以播放 DVD/VCD 光盘，还可以播放视频及音频文件，它支持几乎所有流行的视频、音频格式，包括 RealMedia、QuickTime、MPEG2、MPEG4（ASP/AVC）、VP3/6/7、Indeo、FLV 等流行视频格式；AC3/DTS/LPCM/AAC/OGG/MPC/WV/APE/ FLAC/TTA 等流行音频格式。使用暴风影音播放视频及音频文件的步骤如下。

（1）启动暴风影音播放器，弹出暴风影音主界面。

（2）在暴风影音的主界面中，单击主菜单中的"文件"→"打开文件"命令或直接单击视频播放窗口中的"打开文件"命令，弹出"打开"对话框，通过"查找范围及对象"窗口，在本地计算机上选择将要播放的视频或音频文件。

提示：① 单击主菜单中的"文件"→"打开 URL"命令，在弹出的"打开 URL 地址"对话框中，输入相应的网址，即可播放网络上的视频或音频文件。

② 用暴风影音播放 DVD/VCD 光盘上的视频及音频文件时，先将 DVD/VCD 光盘放入光驱，然后单击主菜单中的"文件"→"打开碟片/DVD"命令，在级联菜单中选择光盘盘符，播放已放入的光盘内容。

③ 主界面右侧的"在线影院"为用户提供了很多在线的视频影视，可以直接双击打开观看；也可以在"搜索"栏中输入自己需要的视频名字进行搜索。

④ 可以单击右下角的"暴风盒子"来查看正在热播的视频。

4．视频转码

有些工具如手机仅支持特定格式的文件，这时就需要将视频进行转码，暴风影音也提供了这样的功能，其步骤如下。

（1）单击主界面中左下角的"暴风工具箱"，选择"转码"。

（2）打开"暴风转码"对话框，如图 9-38 所示，单击"添加文件"按钮，打开"文件目录"对话框，指定要转码的文件。

（3）在"输出设置/详细参数"中可单击中间的长条按钮打开"输出格式"对话框，设置需要转出的格式，设置好后单击"确定"按钮，返回上一步操作。

（4）在"暴风转码"对话框下面的"输出目录"中可以设置转码后文件的存放位置。一切都设置完毕单击"开始"按钮，转码便开始进行。

5．视频截图

若想截取正在播放的画面，或连拍一组画面，可使用暴风影音提供的截图、连拍功能，步骤如下。

（1）在截图或连拍前要先进行设置，单击主界面上的"主菜单"→"高级选项"命令，打开"高级选项"对话框，单击"截图设置"选项，如图 9-39 所示。在此可以设置截图的存放路径、图片格式，还可以设置连拍的张数、截图的方式。

图 9-38 "暴风转码"对话框

图 9-39 "高级选项"对话框

（2）设置完成后单击"确定"按钮，回到主界面，单击"暴风工具箱"→"截图"或"连拍"命令就可获取需要的图片；也可使用快捷键 F5（截图）、Alt+F5（连拍）。

（六）PDF 的使用

阅读器 Adobe Reader 11.0 的主界面和功能如图 9-40 所示。

1. Adobe Reader 11.0 的主界面

（1）菜单栏包含 Adobe Reader 11.0 的所有命令。

（2）工具栏包含常用命令的工具按钮，用户可以通过它更改屏幕的显示方式，以方便地浏览文档，并可选择文档显示的比例和阅读的页面。

（3）显示区显示当前文档的内容。

2. Adobe Reader 11.0 主要功能

Adobe Reader 11.0 在保持打开、阅读 PDF 文档和填写 PDF 表单的原有功能之外，相对前几个版本增强了文件的扩展，主要功能如下：

（1）更新功能。Adobe Reader 11.0 可以自动检查关键的更新和通知。

（2）查找工具栏功能。Adobe Reader 11.0 可以实现指定一个单词、一系列单词或单词的一部分的查找功能。

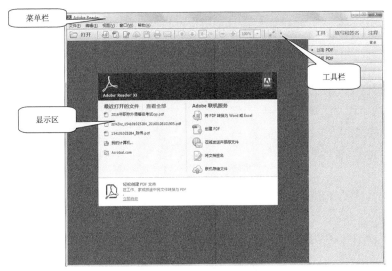

图 9-40　Adobe Reader 11.0 的主界面

（3）自动保存功能。Adobe Reader 11.0 具有不断保存文件到指定位置防止在断点情况下丢失的功能（"自动保存"仅对含有附加使用权限的文档可用）。

（4）查看 3D 内容功能。Adobe Reader 11.0 允许查看和导览嵌入 PDF 文档的 3D 内容。

（5）朗读功能。用户可以使用"朗读"功能来朗读表单域。

3. 打开 PDF 文档

（1）在主界面中单击"文件"→"打开"命令，弹出"打开"对话框，找到需要查看的文档，选择一个或多个文件名，然后单击"打开"按钮，就可以打开文章阅读了。

（2）拖曳 PDF 文件到 Adobe Reader 窗口中，其将自动打开。

（3）安装了 Adobe Reader 11.0 后，对应格式的文档就会自动改变图标，只需双击文档便可打开阅读。如果已打开多个文档，则可以从"窗口"菜单中选择文档来进行切换。

4．保存 PDF 文件

用户可以保存 PDF 文档的副本，如果文档的创建者添加了附加使用权限，则还可以保存添加的注释、在表单域中输入的内容或添加的数字签名。

（1）保存 PDF 文档的副本：单击"文件"→"保存副本"命令，打开"保存副本"对话框，输入文件名并指定位置，然后单击"保存"按钮。

（2）保存注释、表单域条目和数字签名：单击"文件"→"保存"命令将更改保存到当前文件，或者单击"文件"→"另存为"命令将更改保存到新文件。

5．将 PDF 文档另存为文本文件

在安装了完整版的 Adobe Reader 11.0 之后，还可以用文本格式保存 PDF 文档的内容。使用此功能可以方便地重新使用 PDF 文档的文本并使用带有屏幕阅读器、屏幕放大器等功能的设备来阅读文档的内容。操作步骤如下。

（1）单击"文件"→"另存为文本"命令，打开"另存为"对话框，在"保存在"下拉列表框中选择保存文件的路径；在"文件名"文本框中输入文件名称；在"保存类型"下拉列表框中选择"文本（*.txt）"项。

（2）单击"保存"按钮，即可将 PDF 文件保存为文本文件。

6．搜索

使用 Adobe Reader 11.0 提供的搜索功能可以在打开的 PDF 文档中、指定位置的多个 PDF 文档中、Internet 上的 PDF 文档中或已编入索引的 PDF 文档编录中搜索特定的单词或短语。操作步骤如下。

（1）在已打开的 PDF 文档窗口中，单击"编辑"→"搜索"命令，打开"搜索"对话框。"查找"命令的功能和"搜索"很相似，但"搜索"命令可以对没有打开的 PDF 文档进行操作。

（2）在"您要搜索哪些单词或短语"一栏中输入要搜索的内容，并设置搜索路径和搜索条件。

（3）单击"搜索"按钮，开始搜索，搜索结果将显示在窗口中。

7．朗读

文件朗读的具体操作步骤如下。

（1）先打开一个 PDF 文档，定位到需要阅读的页面。

（2）单击"视图"→"朗读"→"仅朗读本页"或"朗读到文档结尾处"命令，即可开始朗读。

（3）在朗读过程中单击"暂停"或"停止"按钮，可暂停或停止朗读。

在进行朗读之前要确定 PDF 里面的文字是可读的，也就是说它应该是由电子文档生成的（比如 Word），而不是扫描生成的，否则很难实现朗读功能。

五、任务实施

STEP 1 打开浏览器，从 360 官方网站"http://www.360.cn/download/?r=bd360"下载 360 安全卫士、360 杀毒，如图 9-41 所示。从百度软件"http://rj.baidu.com/index.html"下载 WinRAR、迅雷以及暴风影音、Adobe Reader 等软件。

STEP 2 逐一安装，注意可采用自定义方式安装，指定安装路径。

STEP 3 安装完成后，使用 360 安全卫士对计算机进行体检，如图 9-42 所示。

STEP 4 使用 360 杀毒对计算机进行全盘扫描，如图 9-43 所示。

图9-41 下载页面

图9-42 对电脑体检

图9-43 全盘扫描

STEP 5 使用 WinRAR 将文件夹压缩，如图 9-44 所示。

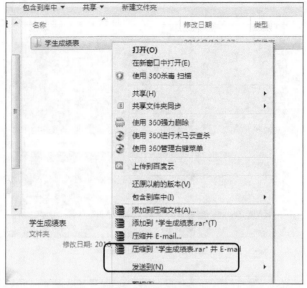

图 9-44　压缩文件夹

STEP 6 使用 Adobe Reader 阅读 PDF 文件，如图 9-45 所示。

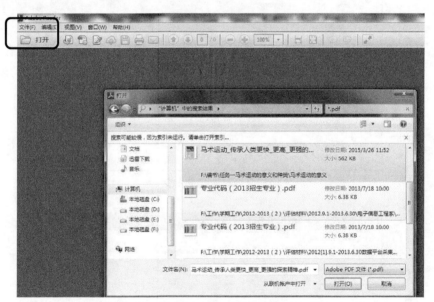

图 9-45　用 Adobe Reader 打开 PDF 文件

牛刀小试

1. 给你的计算机安装 360 安全卫士、360 杀毒软件。
2. 练习使用 WinRAR 压缩文件或文件夹。